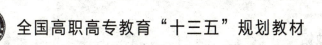
全国高职高专教育"十三五"规划教材

计算机应用基础项目化教程
——Windows7+Office2010

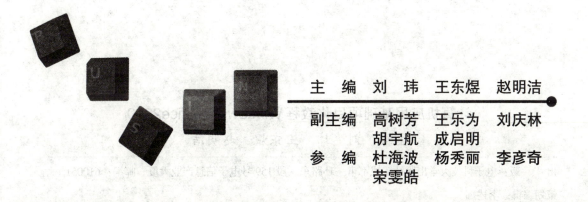

主 编	刘 玮	王东煜	赵明洁
副主编	高树芳	王乐为	刘庆林
	胡宇航	成启明	
参 编	杜海波	杨秀丽	李彦奇
	荣雯皓		

电子科技大学出版社

图书在版编目（CIP）数据

计算机应用基础项目化教程 Windows7+Office2010 ／刘玮，王东煜，赵明洁主编 .—成都：电子科技大学出版社，2017.2

ISBN 978-7-5647-4215-7

Ⅰ .①计… Ⅱ .①刘… ②王… ③赵… Ⅲ .① Windows 操作系统 – 教材②办公自动化 – 应用软件 – 教材Ⅳ .① TP316.7 ② TP317.1

中国版本图书馆 CIP 数据核字（2017）第 036257 号

计算机应用基础项目化教程Windows7+Office2010

主编　刘　玮　王东煜　赵明洁

出　　　版：电子科技大学出版社（成都市一环路东一段 159 号电子信息产业大厦　邮编：610051）

策划编辑：李述娜

责任编辑：李述娜

主　　　页：www.uestcp.com.cn

电子邮箱：uestcp@uestcp.com.cn

发　　　行：新华书店经销

印　　　刷：北京市通县华龙印刷厂

成品尺寸：185mm×260mm　印张 15　字数 323 千字

版　　　次：2017 年 3 月第一版

印　　　次：2017 年 3 月第一次印刷

书　　　号：978-7-5647-4215-7

定　　　价：38.80 元

前言

　　为适应信息技术教育的发展，本教材根据教育部制定的职业院校计算机应用基础 Office 2010 版教学大纲以及全国计算机水平考试大纲要求，以满足能力需求为出发点，体现：①"以人为本，全面发展"的教育理念，把学生作为行动主体，手脑并用、学中做、做中学，有利于人的协调发展；②"以服务为宗旨，以就业为导向"的职业教育指导思想而编写。

　　本教材采用 Windows 7 操作系统和 Office 2010 版本，创造企业情境，引用项目教学和图示方式，易学易懂。项目由若干个学习任务构成，体现理论联系实际、紧跟最新知识、把握核心知识这些特点。教材的内容应该与工作岗位需要的知识技能紧密相关，定位在相应的岗位上。因此，在编写的过程中，我们到企业走访，获得企业岗位要求，提取相关知识点，并根据文员工作岗位上的典型工作任务确定项目→将项目进行合理划分形成学习任务→围绕学习任务操作相关知识→运用所学知识解决案例→巩固学习任务知识完成练习题并适当扩展（包括解决相近的工作任务和补充相近的知识），其中基础知识由学生课前预习完成，课内解决实际学习任务，提高学习效率。本教材编写内容以解决实际工作任务出发，需要什么就讲什么。教材组织结构的编写主线是：课前预习知识链接库的基础知识，课堂提出任务→分解任务→完成任务→总结新知识→布置课后任务。

　　教材主要内容包括：初识计算机、操作计算机、信息获取与管理、信息安全维护、利用 Word 2010 处理文档、利用 Excel 2010 处理电子表格和利用 PowerPoint 2010 制作演示文稿，各章均配有操作题和理论练习，操作步骤详细，图文结合，通俗易懂，容易上手，教学实例来自于企业文员工作任务，循序渐进，由浅入深，明确学习目标，突出重点。采用案例带动知识点，在案例后引入相应的具有一定知识性的练习，帮助学生巩固知识、提高思考和操作的能力，达到举一反三的效果。

本书由高等院校、高职高专院校和中等职业学校从事计算机应用基础教学的一线教师联合编写，内容丰富，广度和深度适当，讲解清楚。本书不仅能满足各类中、高职业学校计算机应用基础课程教学的需要，而且特别适合作为聋人大学生的教材，也可以作为各类高职高专学校、成人高等学校、各类职业培训和社会各界人士学习计算机基本操作的自学用书。

本教材由孙玉洁、张立新担任主编，由李伟杰、常明杰、张强、刘冲、高琦、时合江、许军玲、唐丽晴担任副主编。

书中难免存在疏漏及不妥之处，欢迎广大读者朋友们批评指正。

编　委
2016 年 12 月

目 录

模块七　利用 PowerPoint 2010 制作演示文稿 ⅡⅠⅠⅠⅠⅠⅠⅠⅠⅠⅠⅠⅠⅠⅠⅠⅠⅠⅠⅠⅠⅠⅠⅠ 192

模块一　初识计算机

计算机俗称电脑，利用它我们可以写日记、听音乐、玩游戏、坐在家里就可以与远隔千里之外的人聊天、听讲座……

很多人觉得计算机很神秘，其实计算机不过是一部"简单"而又"复杂"的机器。说它"复杂"是因为计算机的元件众多，工作原理比较深奥。说它"简单"，是因为我们在使用它的过程中，根本无须理会那些深奥的原理，只要我们"点几下鼠标、敲几下键盘"就可以了。

对于非计算机专业的学生来说，要学好计算机并不难，因为我们并不需要掌握它深奥的工作原理，只需要掌握一些计算机的基本操作，会使用一些常用软件为我们的学习、工作和生活服务就可以了。现在就让我们一起跨入精彩的计算机世界。

培 养 目 标

知识目标

1.了解计算机的特点及发展历程。
2.了解计算机硬件系统的组成及各部件的功能。
3.了解计算机的工作过程。
4.认识微型计算机各主要部件。
5.了解微型计算机各主要部件的功能。
6.掌握计算机软件系统的概念及组成。

能力目标

1.能辨识微型计算机各主要部件。
2.能写出学校机房电脑的硬件配置。
3.能写出学校机房电脑所安装的操作系统及主要应用软件。
4.能根据计算机市场行情，运用计算机硬件相关知识，选配一台电脑。

素质目标

1.培养学生认真负责的工作态度和严谨细致的工作作风。

2.培养学生的自主学习意识。

3.培养学生的团队、协作精神。

项目　认识计算机

一个完整的计算机系统是由硬件系统和软件系统两部分组成的。通过本项目的学习，学生初步认识计算机的硬件组成和工作过程，了解本机的硬件配置和所安装的软件。

任务1　认识计算机硬件

【任务描述】

硬件通俗地说就是那些看得见、摸得着的实际设备，是计算机工作的物质基础。能辨识计算机各硬件设备、初步了解这些设备的功能，有助于我们更好地操作和使用计算机。查看学校计算机房电脑的配置，按要求填写本机硬件配置清单（如表1-1所示）。

表1-1　　　　　　　　　　硬件配置清单

部　件		品牌、技术参数、型号
主机箱	主板	型号：
	CPU	品牌：
		主频：
	内存	容量：
	硬盘	容量：
	显卡	□集成　　□非集成
		显存容量：
	前面板按钮、接口	按钮：□电源　　□复位
		接口：□USB　　□音频
	背面接口	□网络　□LPT　□COM　□VGA　□音频　□HDMI　□音频
外部设备	键盘	□104　　□107　　□108　　□其他
	鼠标	□光电　　□机械
		□USB　　□PS/2
	显示器	□CRT　　□LCD　　□LED
	其他	

【相关知识】

1.冯·诺依曼原理

2.计算机的工作过程

3.计算机硬件系统的组成及功能

4.微型计算机的基本配置及各部件的功能

【任务实现】

1.了解计算机的硬件组成及工作过程

虽然现代计算机的设计与制造技术与 1946 年时有了很大改变与提高，但目前，绝大多数计算机仍是根据美籍匈牙利科学家冯·诺依曼提出的"存储程序控制"理论设计的，其基本设计思想是：

①计算机硬件系统从逻辑上由控制器、运算器、存储器、输入设备、输出设备五大部分组成，如图 1-1 所示。

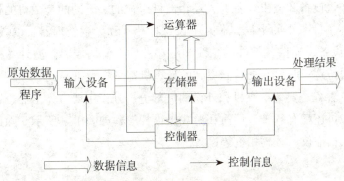

图 1-1 计算机的五大功能部件及工作过程

其中控制器是计算机的控制指挥中心，它的主要功能是控制计算机各部件自动、协调地工作。运算器的主要功能是对数据进行算术运算与逻辑运算。存储器的主要功能是存放程序和数据。输入设备的主要功能是向计算机输入人们编写的程序和数据，输出设备的主要功能是向用户报告计算机的运算结果或工作状态。

②数据或计算机指令均用二进制表示，存储在存储器中。

③计算机在程序的控制下自动进行工作。程序是完成一个完整的任务，计算机必须执行的一系列指令的集合。计算机工作时先将各种原始数据或程序，由输入设备送到存储器中，然后在控制器的控制指挥下，数据被送入运算器中进行运算，运算后将计算结果再存入存储器或经输出设备输出。在计算机工作时，所有的部件都是在控制器的统一控制指挥下，协调一致地工作的。

计算机在执行程序时，又将每条语句分解成一条或多条机器指令，然后根据指令顺序，一条指令一条指令地执行，直到遇到结束运行的指令为止。程序执行过程如图1-2所示。

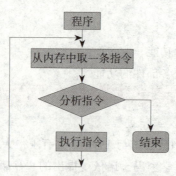

图1-2　程序的执行过程

2. 辨识主机及常用外部设备

我们常用的计算机都是微型计算机，微型计算机和其他计算机一样，也是由运算器、控制器、存储器、输入设备和输出设备5大逻辑部件组成的。不同的是微机的运算器和控制器这两大部件集成在一片很小的半导体芯片上，这种芯片称为微处理器。以微处理器为基础，配以存储器、I/O设备、连接各部件的总线和足够的软件就构成了微型计算机系统。微型计算机简称微机，未特别说明，本书后面提到的计算机都是指微机。

微机从外观上看，主要包括主机和外设两大部分，外设主要有显示器、键盘和鼠标，具有多媒体功能的微机还配有音箱、话筒和游戏操纵杆等，如图1-3所示。除此之外，微机还可以外接打印机、扫描仪、数码相机等设备。

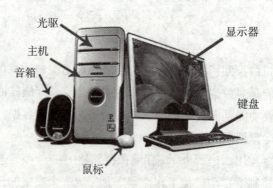

图1-3　微机外观组成

（1）主机

主机是计算机最主要的部分，计算机的运算、存储过程都是在这里完成的。我们看到的主机大多做成一个箱子的形状，所以又称主机箱，如图1-4所示。

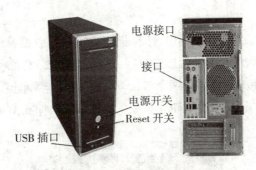

电源接口

接口

电源开关
Reset 开关

USB 插口

图 1-4 主机箱的正面与背面

机箱的正面主要有电源开关按钮、复位（Reset）开关按钮、电源指示灯、硬盘工作指示灯、声音与 USB 接口等。背面主要是一些外设接口，它们使外部设备能够与主机进行连接。如图 1-5 所示。

LPT（并口）

PS/2（鼠标）
PS/2（键盘）

COM

VGA

USB RJ-45

音频接口

图 1-5 主机背面接口

（2）显示器

显示器是主要的输出设备，它由一根视频电缆与主机的显示卡相连。无论是外形还是工作原理等都与电视机很像，显示器外形如图 1-6 所示。

图 1-6 CRT 和 LCD 显示器

按工作原理，显示器分为 CRT（阴极射线管）显示器和 LCD（液晶）显示器。显示器最主要的参数是屏幕尺寸，主要规格有 15 英寸（1 英寸 =2 杆 54cm）、17 英寸、19 英寸、20 英寸、22 英寸等，现在常用的是 19 英寸、22 英寸的 LCD 显示器。一般显示屏的下方都有一些小按钮，除电源开关外，其余的是调节屏幕亮度、对比度和画面比例的，我们可以根据按钮的图案标志识别它的作用。

（3）键盘

键盘是主要的输入设备之一，可向计算机输入程序、数据、命令等。它独立于 PC 的主机箱，通过电缆和主机背面的键盘插座连接。目前大多数 PC 配备 104、108 键标准键盘，104 键盘比以前的主流 101 键盘多了两个 Win 功能键和一个菜单键。108 键盘比 104 键盘多了四个与电源管理有关的键，如开关机、休眠、唤醒键等。标准 104 键盘如图 1-7 所示。

图 1-7　104 键标准键盘

（4）鼠标

鼠标是另一常用的输入设备，伴随着 Windows 图形操作界面流行起来，鼠标的使用越来越广泛，成为计算机必不可少的设备之一。在 Windows 操作系统中，一般通过鼠标就可以完成大部分操作。鼠标主要有机械式、光电式两种。鼠标的外形如图 1-8 所示。

图 1-8　鼠标的正面、机械鼠标的背面、光电鼠标的背面

3. 辨识主机箱内各部件

主机箱里包含着微型计算机的主要硬件设备，如主板、CPU、内存、各种板卡、电源及各种连接线等。拆下机箱一侧的面板，可以看到主机箱内的结构，如图 1-9 所示。

图 1-9　主机箱内部

（1）主板

主板又称系统版、母版，是微型计算机中最大的一块集成电路板，是整个计算机系统中的核心部件，微机的各个部件都直接插在主板上或通过电缆连接在主板上。主板外形及组成如图 1-10 所示。

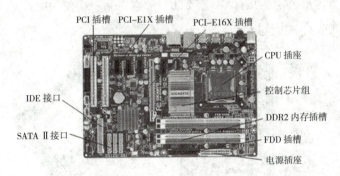

图 1-10　主板

（2）CPU

CPU 是中央处理器的英文简称，是微型计算机硬件系统的最核心的部件，主要由运算器、控制器两大部分组成。计算机的所有工作都要通过 CPU 来协调处理。目前 CPU 的生产厂家主要是 Intel、AMD 两家。CPU 外形如图 1-11 所示。

图 1-11　CPU

（3）内存

内存是计算机系统必不可少的基本部件，CPU 需要的信息要从内存读出来，CPU 运行的结果要暂存到内存中，CPU 与各种外部设备打交道，也要通过内存才能进行。内存的外形如图 1-12 所示。

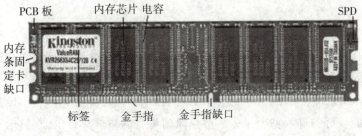

图 1-12　内存

（4）硬盘

硬盘是一种磁介质存储设备，我们说的硬盘实质上指硬盘驱动器和硬盘片，是计算机中主要的大容量存储设备。几乎所有的电脑上都配有硬盘。硬盘属于外存，但由于操作系统等一些必备系统软件通常是装在硬盘中，所以为方便使用，常将硬盘装在主机箱内。现在微型机上所配置的硬盘容量通常在几百 GB 至 2TB。硬盘在第一次使用时，必须首先进行分区和格式化。硬盘的外形如图 1–13 所示。

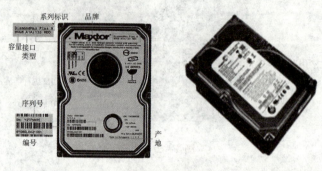

图 1–13　硬盘

（5）光驱

光驱是读取光盘数据的工具，是在台式机和笔记本电脑里比较常见的一个部件。随着多媒体的应用越来越广泛，光驱在计算机诸多配件中已经成为标准配置（近几年由于 U 盘技术的发展，使用率有一定下降）。目前，光驱主要有普通光驱、DVD 光驱、刻录光驱三种，它们在外形上几乎没有区别。但普通光驱只能读取 CD 光盘里的数据，DVD 光驱既可以读取 CD 光盘里的数据又可以读取 DVD 光盘里的数据，而刻录光驱不但能读取光盘里的数据还能将数据刻录到光盘里。光驱及操作面板如图 1–14 所示。

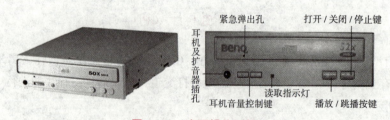

图 1–14　光驱操作面板

（6）显卡

显卡是连接主机与显示器的接口卡，如图 1–15 所示。主要作用是图像计算和显示。显示卡上主要的部件有：显示芯片、显存、VGA BIOS、VGA 接口等。有的显示卡上还有可以连接彩电的 TV 端子或 S 端子。一些近期出现的显示卡由于运算速度快，发热量大，在主芯片上用导热性能较好的硅胶粘上了一个散热风扇（有的是散热片），在显示卡上有一个二芯或三芯插座为其供给电源。

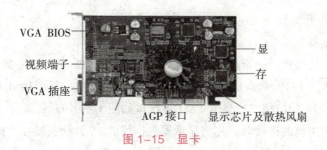

图 1-15　显卡

（7）声卡

声卡是多媒体技术中最基本的组成部分，是实现声波／数字信号相互转换的一种硬件。如图 1-16 所示。声卡的基本功能是把来自话筒、磁带、光盘的原始声音信号加以转换，输出到耳机、扬声器、扩音机、录音机等声响设备，或通过音乐设备数字接口（MIDI）使乐器发出美妙的声音。目前，除专业应用外，很少有独立声卡，一般都将声卡集成到了主板上。

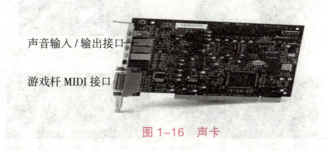

图 1-16　声卡

（8）电源

电源是给主机箱内所有部件以及键盘和鼠标供电的设备（有些显示器也通过主机电源供电）。电源外形如图 1-17 所示。一个功率充足的电源是所有部件正常运行的关键，电源输出直流电的好坏，直接影响部件的质量、寿命及性能，质量不合格或者供电不足的电源有可能烧毁某些部件。选购电源一般以品牌大、质量重、认证齐全、风扇运转良好、电源接口丰富为佳。

图 1-17　电源

4. 连接主机与外部设备

（1）连接显示器

显示器有两条连接线，一条是电源连接线（如图 1-18 所示），另一条是数据线，又称显示信号连接线（如图 1-19 所示）。信号连接线一端是个 15 针的梯形接口（如图 1-20 所示），用来与显卡上的 VGA 接口相连，显卡上 VGA 接口如图 1-21 所示。

进行显示器和主机的连接时，先将显示器数据线的 15 针插头接在主机箱背后的 VGA 接口上，另一端接在液晶显示器后的接头上（如果是 CRT 显示器，这一头是固定在显示器后面，不需要接线）；显示器的电源线可根据插头类型连接在机箱后面电源输出插口上或直接插在电源插座板上。

图 1-18 显示器电源连接线

图 1-19 液晶显示器数据线

图 1-20 数据线梯形接口

图 1-21 显卡 VGA 接口

（2）连接键盘、鼠标

键盘、鼠标与主机连接时要先观察其接口类型，一般来说键盘的接口主要有 PS/2 接口、USB 接口两种；鼠标的接口主要有 COM 接口、PS/2 接口、USB 接口三种类型。如图 1-22 所示。确定键盘、鼠标的接口类型后，在主机上找到相应的接口（如图 1-5 所示），将插头对准缺口方向插入即可。

需要注意的是 PS/2 接口的键盘和鼠标，两种插头一样，很容易混淆，连接时要看清楚（一般蓝色表示键盘，绿色表示鼠标）；串行鼠标连接的时候要注意梯形头的方向；USB 接口的键盘和鼠标连接时要注意正反。

图 1-22 COM 接口、PS/2 接口、USB 接口

5.查看计算机硬件配置

（1）开机自检中查看硬件配置

计算机组装结束后即使不装操作系统也可以进行加电测试，在开机自检的画面中就隐藏着硬件配置的简单介绍（由于开机画面一闪而过，要想看清楚的话，请及时按住"PAUSE"键）。

自检的第一个画面一般是显卡的信息，第二个自检画面则一般显示的是CPU的型号、频率以及内存容量、硬盘及光驱的信息。在第二个自检画面的最下方还会出现一行关于主板的信息，前面的日期显示的是当前主板的BIOS更新日期，后面的符号则是该主板所采用的代码，根据代码我们可以了解主板的芯片组型号和生产厂商。以往老主板的自检画面中最下方文字的中间标明的是主板芯片组。

（2）利用"设备管理器"查看硬件配置

进入Windows 7操作系统之后，在安装硬件驱动程序的情况下还可以利用"设备管理器"来查看硬件配置，操作步骤如下。

右击桌面上的"计算机"图标，在出现的快捷菜单中选择"属性"选项，单击左侧的"设备管理器"，在弹出的"设备管理器"窗口中显示了该计算机的所有硬件设备，如图1-23所示。

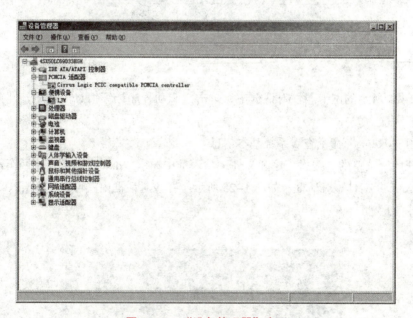

图1-23　"设备管理器"窗口

从上往下依次排列着IDE ATA/ATAPI控制器、PCMCIA适配器、便携设备、处理器、磁盘驱动器等设备的信息，最下方则为显卡的信息。想要了解哪一种硬件的信息，只要点击其前方的"+"将其下方的内容展开即可。

※　提示：

有　标记的，表示该设备的驱动程序没有安装好；有　标记的，表示设备被禁用。

利用"设备管理器"除了可以看到常规硬件信息之外，还可以进一步了解主板芯片、声卡、网卡及硬盘工作模式等情况。例如，想要查看网卡的驱动程序信息，可以双击"网络适配器"→双击具体的网卡，在弹出的对话框中选择"驱动程序"选项卡，如图1-24所示。

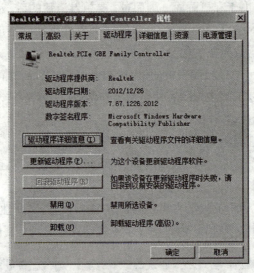

图1-24　网卡属性

在图1-24所示的网卡属性对话框中，单击"驱动程序详细信息"按钮，即可查看驱动程序的详细信息。

（3）用"dxdiag"命令查看系统基本信息

在"开始"菜单的"搜索程序和文件"输入框中输入"dxdiag.exe"，按回车键，即可打开"DirectX诊断工具"对话框，如图1-25所示。在该对话框内就可以显示CPU、内存、显卡、声卡等信息。

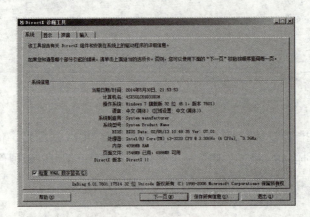

图1-25　DirectX诊断工具

（4）第三方软件

用上面的方法只能了解计算机的部分硬件信息，要全面地获得计算机的硬件性能指标，我们还可以使用较为专业的第三方测试工具。目前常用的性能测试工具主要有 CPU-Z、everest、鲁大师、360 安全卫士、优化大师等。

任务 2 了解本机所装软件

【任务描述】

通过"开始"菜单、"卸载或更改程序"窗口等方法初步了解学校机房电脑所装的软件，填写本机软件配置清单（如表 1-2 所示）。

表 1-2   软件配置清单

系统软件	本机操作系统及其版本	
	其他系统软件	
应用软件		

【相关知识】

1.软件的概念
2.计算机软件系统的组成
3.系统软件的概念
4.应用软件的概念

【任务实现】

软件系统是指计算机系统中的程序以及开发、使用和维护程序所形成的文档的总称。硬件是计算机工作的物质基础，软件是计算机的"灵魂"，没有软件只有硬件的计算机称为"裸机"，它什么事也干不了。硬件与软件是相辅相成的，硬件系统的发展给软件系统提供了良好的开发环境，而软件系统发展又给硬件系统提出了新的要求，促进了硬件的更新换代。

1.了解本机所装操作系统

①右击桌面上的"计算机"图标，选择"属性"。

②在"查看有关的计算机的基本信息"下方的"Windows 版本"中可以查看 Windows 7 的系统版本。如图 1-26 所示。

从图 1-26 可以看出，本机安装的是 32 位 Windows 7 旗舰版，补丁为 SP1。

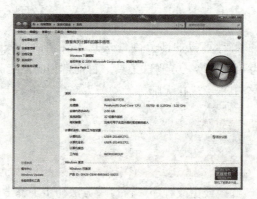

图 1-26　查看有关的计算机的基本信息

2.查看本机所装应用软件

要了解本机所装的所有应用软件（程序）是很困难的，有两种方法可以大致了解本机所装的应用软件（程序）。

方法一：单击"开始"菜单→"所有程序"，如图 1-27 所示。

图 1-27　"开始"菜单中的"所有程序"

从图 1-27 左边的程序区别中可以看出，本机安装了 Adobe Reader XI、Microsoft Office、好桌面看图王、Snagit、飞信等软件。

方法二：单击"开始"→"控制面板"，在打开的"控制面板"窗口中，依次单击"程序"→"程序和功能"，打开"卸载或更改程序"窗口，如图 1-28 所示。

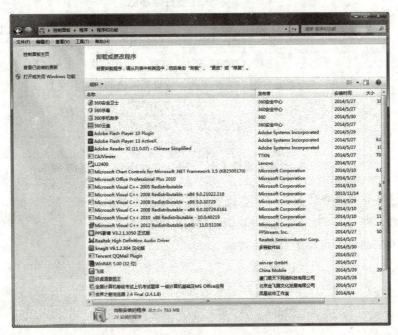

图 1-28   "卸载或更改程序"窗口

【知识巩固】

阅读配套教材的第 1 章的内容，完成配套教材第 1 章的所有习题。

拓展项目　配置一台学习用台式机

新学期开始了，小明作为影视动画专业的大一新生，为了更好地学习专业知识，想购买一台电脑用于学习与课余的娱乐。请用所学的知识，2～3 人为一组为其配置一台电脑。

【要点提示】

1.配置电脑首先要了解购买电脑的主要目的即电脑主要是做什么用，其次考虑经济实力，两者结合起来确定电脑配件的性能、档次与价格区间。

2.计算机主要部件的性能参数（如表 1-3 所示）

表 1-3   题 2 图

部件名称	主要性能参数
机箱	外表、按钮布局、散热、质（重）量
电源	品牌、质（重）量、认证标识、风扇、接口
CPU	主频、外频、FSB、缓存、字长、生产工艺
主板	芯片组、生产工艺、接口及插槽的数量与类型
内存	容量、工作频率
硬盘	容量、缓存、转速、接口类型
显卡	显存容量、芯片、工作频率
显示器	类型、屏幕大小、分辨率、响应时间、刷新频率

3.通过网络查找硬件的相关资讯，比较有名的电脑硬件网站有：太平洋电脑网 http://www.pconline.com.cn/，中关村在线 http://www.zol.com.cn/ 等。

4.到本地电脑城走访，了解市场行情。

5.综合比较，填写表 1-4 的配置单。

表 1-4   题 5 图

配件名称	品牌、型号及规格	价格	备注
主板			
CPU 及风扇			
内存			
硬盘			
光驱			
显卡			
显示器			
网卡			
声卡			
电源			
机箱			
键盘			
鼠标			
音箱			
合计			

模块二　操作计算机

计算机是信息社会的重要工具，计算机的基本操作是当代大学生应该具备的基本技能之一。本模块主要讲述 Windows 7 环境下计算机的基本操作。

培　养　目　标

 知识目标

1. 熟练掌握鼠标、键盘的基本操作。
2. 掌握 Windows 7 的基本操作。
3. 掌握中文输入法。
4. 掌握 Windows 7 的几个常用工具的使用方法。
5. 掌握应用程序的启动、切换和退出方法。

能力目标

1. 能用正确姿势和指法进行中、英文录入。
2. 能运用 Windows 7 相关知识进行系统设置。

素质目标

1. 培养学生环保意识。
2. 培养学生的自主学习意识。

项目　用 Windows 7 管理计算机

Windows 7 是微软于 2009 年 10 月 22 日正式发布的操作系统，也是当前用户最多的一款操作系统。熟练地掌握其操作有利于我们更好地管理计算机系统中的各种软件资源和硬件资源。

任务 1　正确开、关机

【任务描述】

开、关机是使用计算机最基本的操作之一，掌握正确的开、关机方法与步骤，可以更好地保护计算机软件资源、延长计算机硬件的使用寿命、节约能源。

【相关知识】

1. 开始菜单
2. "电源选项"属性

【任务实现】

1. 开机

计算机的开机与其他家用电器的开机方法类似，先确认电源已连接好，且供电正常，再打开显示器等外设的开关，最后按下主机面板上的电源开关，即可启动计算机。

计算机启动后，首先进入自检画面，随后屏幕上出现 Windows 操作系统界面，直到屏幕出现 Windows 7 桌面时（如图 2-1 所示），表示计算机已经启动成功了。

图 2-1　Windows 7 的桌面

2. 关机

利用 Windows 7 关闭计算机，其操作与家用电器不一样，如果操作不当，极易造成计算机硬件和软件的损坏。为确保计算机安全，正常的关机的步骤如下：

①保存所有需要保存的文件。

②单击桌面左下角的"开始"按钮 ，弹出"开始"菜单，如图 2-2 所示。

图 2-2 "开始"菜单

③在"开始"菜单中单击"关机"命令，稍候片刻，计算机便会自动切断电源（无须再按主机上的"电源"按钮）。

④ 关闭计算机后，显示器进入节能状态（黄灯），按一下显示器电源开关，关闭显示器电源，然后关闭其他外设的电源，整个关机操作就结束了。

3.重启计算机

重启与关机操作类似，不同的是在图 2-2 所示的开始菜单中选择关机命令右边的，然后在下一级菜单中选择"重新启动"，如图 2-3 所示。采用这种操作，计算机只重新启动操作系统，不再进行硬件自检。

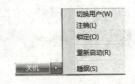

图 2-3 "关机"级联菜单

4.复位启动（reset）

复位启动一般用于计算机死机时的重新启动，按一下主机面板上的重启（reset）开关，计算机就会复位启动。复位启动比重启多一个硬件自检过程，因此计算机启动的时间要比"重启"稍长些。现在大多机箱上已没有复位启动按钮了。

5.睡眠模式

与 XP 相比，Windows 7 只提供了这一种节能模式——睡眠模式，它是待机与休眠模式的结合，在计算机短时间"空闲"时选择这种模式，不仅可以减少电力消耗，还可以快速将系统恢复到正常工作状态。其具体的设置方法是：

方法一：在图 2-3 所示"关机"级联菜单中选择"睡眠"选项。

方法二：开始→控制面板→硬件和声音→电源选项→更改计算机睡眠时间，在图 2-4 所示的窗口内可以设置自动关闭显示器和使计算机进入睡眠状态的"空闲"时间间隔。

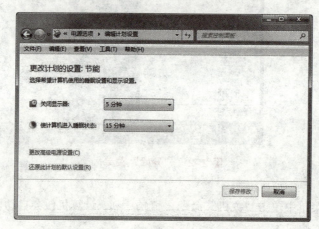

图 2-4　计算机节能模式设置界面

任务 2　使用鼠标、键盘

【任务描述】

鼠标、键盘是最常用的输入设备，熟练掌握鼠标、键盘的基本操作是我们操作、管理计算机的前提。启动"记事本"，输入图 2-5 所示内容。

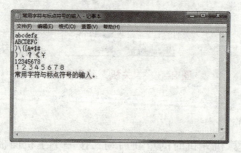

图 2-5　常用字符与标点的输入

【相关知识】

1. 鼠标的基本操作

2. 键盘上主要功能键的使用

3. 输入法的选择与切换

4. 常用字符与标点的输入

5. 中文输入法（最少一种）

6. 应用程序的启动与保存

【任务实现】

1. 启动"记事本"

在 Windows 中启动应用程序很简单，使用鼠标可以很轻松地启动、关闭应用程序，例如我们要启动"记事本"，常用的方法就有四种：

方法一：单击"开始"→"所有程序"→"附件"→"记事本"。

方法二：双击桌面上的"记事本"应用程序快捷图标。

方法三：右击桌面上的"记事本"应用程序快捷图标，在弹开的快捷菜单中选择"打开"。

方法四：单击"开始"按钮，在"搜索程序和文件"输入框中输入记事本的应用程序文件名"notepad.exe"，然后回车。

> **注意：**
> 方法一和方法四在绝大多数计算机上可以通用。使用方法二和方法三的前提是桌面上有"记事本"应用程序快捷图标。

2. 输入小写英文 abcdefg

由于键盘上有相应的字母键，因此英文的小写字母是最容易输入的，我们只需依次按 a、b、c、d、e、f、g 键即可。

3. 输入大写英文字母 ABCDEFG

大写英文字母的输入方法常用的有三种：

方法一：按住 Shift 键不放，依次按 a、b、c、d、e、f、g 键即可。

方法二：按一下 Caps lock 键，在 Caps lock 指示灯亮的情况下，依次按 a、b、c、d、e、f、g 键即可。

> **注意：**
> Caps lock 键是一个开关键，按双数次，灯不亮，输入的是小写字母；按单数次，灯亮，输入的是大写字母。

方法三：在中文输入法下，单击输入法状态栏中的中、英文切换按钮（如图2-6所示），切换为英文输入 $\mathbf{A}$ ，再依次按a、b、c、d、e、f、g键即可。

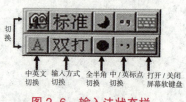

图2-6　输入法状态栏

※ 提示：

大、小写英文字母都只占一个字符的位置，在内存中占用一个字节的存储空间。

4.英文标点符号的输入

一个英文标点符号占一个字符的位置，其输入方法常用的有两种：

方法一：在英文输入状态下，依次按所在的键即可。

方法二：在中文输入法下，单击输入法状态栏中的中、英文标点切换按钮，切换为英文标点输入，再依次按所在的键即可。

※ 提示：

有些键上有两个标点符号，如果想输入上面的标点符号，要先按住Shift键不放，再按相应的键即可。

> **注意：**
>
> 中文标点符号只能在中文输入法下才能输入，且输入法状态栏中的中英文标点切换按钮为中文标点符号输入状态。

5.数字的输入

英文（或半角）数字的输入主要有两种方法：

方法一：直接按主键盘上的数字键即可。

方法二：先按一下小键盘上的Num lock键，在Num lock指示灯亮的情况下，依次按相应的数字键即可。

> **注意：**
>
> Num lock键也是一个开关键，只有在指示灯亮的情况下，从小键盘输入的才是数字。
>
> 全角数字与半角数字的输入方法类似，只是要注意在中文输入法的全角状态下输入。全角数字占两个字节的存储空间。

6.汉字的输入

一个汉字占两个字符的存储空间，输入汉字前需要切换输入法至中文输入状态。

【拓展任务】

1.启动"记事本"程序，录入"自我介绍"，并保存至 E 盘。自我介绍范例如图 2-7 所示。

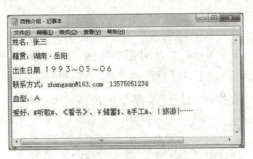

图 2-7　利用"记事本"录入自我介绍

2.启动一种打字练习软件（如金山打字通、文录打字高手），按正确的姿势与指法练习中英文输入。练习目标：英文输入速度达到每分钟 80 个字符以上，中英文混合输入速度每分钟 30 个字以上。

3.启动 Windows 附件中的绘图工具"画图"，绘制一幅画，如图 2-8 所示。

图 2-8　利用"画图"绘制一幅画

任务 3　个性化自己的电脑

【任务描述】

在崇尚个性的时代，要求凡事皆与众不同，计算机操作系统的设置也不例外，请根据自己的使用习惯和工作需要设置好电脑使用环境，使电脑真正成为"我"的电脑。

【相关知识】

1.桌面的概念及相关操作

2. 开始菜单及任务栏的基本操作

3. 窗口、对话框的基本操作

4. 控制面板

【任务实现】

1. 个性化桌面

（1）添加系统图标

在 Windows 7 桌面上有些图标是系统自带的图标，如"计算机""Administrator""网络""回收站"等，这些图标如果被删除了，通过设置，我们可以让他们重新显示出来。操作步骤为：在桌面空白处右击鼠标→在弹出的快捷键菜单中选择"个性化"→单击"更改桌面图标"，打开"桌面图标"设置对话框，如图 2-9 所示。

图 2-9 "桌面图标设置"对话框

在"桌面图标"中，可以根据需要勾选或取消桌面图标左边的复选框，如"计算机""网络"等，使其在桌面上显示或隐藏。

※ 提示：

选择某一项目的图标后，单击"更改图标"或"还原默认值"按钮，可以更换或恢复图标样式。

（2）设置自己喜欢的图片为桌面背景

Windows 7 的桌面背景与 Windows XP 相比，功能有了很大的提升，有更多的功能供用户来选择，可以是个人收集的数字图片、Windows 提供的图片、纯色或带有颜色框架的图片、也可以显示幻灯片图片。设置桌面背景的具体操作步骤如下：在桌面空白处右击鼠标→在弹出的快捷键菜单中选择"个性化"→单击"桌面背景"→在图片位置（L）右边的下拉列表中选择一个 Windows 7 自带的图片文件夹→选择相应的图片→单击"保存修改"按钮即可。

如果在 Windows 7 自带的图片文件夹中没有自己喜欢的图片，也可以单击下拉列表右边的"浏览"按钮，找到相应的图片文件，最后单击"保存修改"按钮即可。

（3）为自己常用的软件创建桌面快捷方式

以在桌面上建一个"记事本"的快捷方式为例。

①在桌面空白处单击鼠标右键，从弹出的快捷菜单中依次单击"新建"→"快捷方式"。

②在弹出的"创建快捷方式"对话框命令行中输入"C：\\Windows\\notepad.exe"（或单击"浏览"按钮，按目录一直找到 notepad.exe 文件）。如图 2-10 所示。

图 2-10 "创建快捷方式"对话框

③单击"下一步"按钮，在弹出的对话框中将"选择快捷方式的名称"文本框中的"notepad.exe"改写为"记事本"。

④单击"完成"按钮，桌面上将自动出现一个"记事本"的快捷方式图标。

（4）按自己的方式排列桌面图标

在桌面空白处单击鼠标右键，从弹出的快捷菜单中选择"查看"，单击"自动排列图标"选项，去掉前面的√，如图 2-11 所示，这样桌面上的图标就可以任意拖动了。

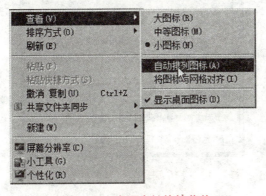

图 2-11 桌面右键快捷菜单

2. 自定义开始菜单

①在"开始"按钮上单击鼠标右键，在弹出的快捷菜单中选择"属性"命令，打开"任务栏和「开始」菜单属性"对话框，在该对话框中可以对任务栏、"开始"菜单、工具栏的一些属性进行设置，默认打开的为"「开始」菜单"选项卡，如图 2-12 所示。

图 2-12 "任务栏和「开始」菜单属性"对话框

②单击"自定义"按钮，打开"自定义「开始」菜单"对话框，如图 2-13 所示。

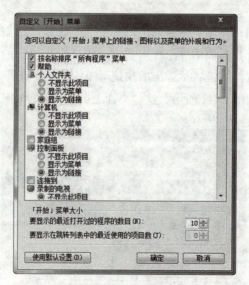

图 2-13 "自定义［开始］菜单"对话框

③在该对话框中可以对"开始"菜单上的链接、图标以及菜单的外观和行为、最近打开

过的程序的数目等进行设置。

【拓展任务】

按要求做如下操作：

1. 修改文件夹选项，使得在资源管理器中显示所有文件和文件夹，所有文件夹内的文件都以"详细资料"的形式显示。

2. 将"任务栏"的属性设为自动隐藏，在"开始"菜单中显示小图标，在任务栏中显示时钟。

3. 添加或删除中文输入法中的"全拼输入法"。

4. 设置 D 盘回收站的大小为 4000MB。

5. 以"详细资料"的查看方式显示 C：\ 下的文件，并修改日期进行排序。

6. 设置屏幕保护程序的等待时间为 10 分钟。

7. 按大小排列桌面上的图标。

8. 启用来宾账户 Guest。

9. 将计算机总输出音量设为最大。

10. 将时间格式设为"tt hh：mm：ss"，把计算机的货币符号设为 $。

【知识巩固】

阅读配套教材的第 2 章的内容，完成配套教材第 2 章的所有习题。

拓展项目　体验 Windows 8

Windows 8 是微软公司于 2012 年 10 月 26 日正式推出的、具有革命性变化的操作系统。系统独特的 metro 开始界面和触控式交互系统，能让人们的日常电脑操作更加简单和快捷，为人们提供高效、易行的工作环境。Windows 8 支持来自 Intel、AMD 的芯片架构，被应用于个人电脑和平板电脑上。该系统具有更好的续航能力，且启动速度更快、占用内存更少，并兼容 Windows 7 所支持的软件和硬件。

【要点提示】

1. 查阅相关资料，了解 Windows 8 的新功能。

2. 找一台安装有 Windows 8 的电脑体验一下其基本操作和新功能。

模块三　信息获取与管理

　　全球信息化时代，网上聊天、浏览网页、查阅资料、收发电子邮件、资源共享、电子商务等互联网应用与人们的联系越来越紧密。可以预见，在不远的将来，人们将过上真正意义上的数字化生活。熟练掌握互联网的基础知识和基本操作，可以让我们更好地从互联网上获取各种信息。

培 养 目 标

知识目标

1.了解计算机网络的概念、分类。

2.了解 TCP/IP 协议及 IP 地址。

3.了解 Internet 的各种接入方式。

4.熟练掌握 IE 浏览器的使用方法及 Internet 资源的下载方法。

5.熟练掌握电子邮件的收发方法。

6.熟练掌握文件及文件夹的基本操作。

能力目标

1.能组建小型的对等网。

2.能熟练设置 IP 地址、共享文件夹。

3.能使用网络获取、下载所需的信息。

4.能熟练进行文件及文件夹的新建、重命名、复制、移动等操作。

5.能熟练收发电子邮件。

素质目标

1.培养学生认真负责的工作态度和严谨细致的工作作风。

2.培养学生的自主学习意识。

3.培养学生的团队、协作精神。

项目 下载网络资源

为了适应时代的需要，为了推广多媒体教学，使每位教师都能熟练运用多媒体进行教学，某市教育局将举办多媒体课件设计与制作培训班。本项目将利用因特网搜索并下载一些参考资料，为培训班的顺利开展做好相关准备。

任务 1 组建一个家庭 / 办公共享网络

【任务描述】

要从 Internet 上下载资源，电脑是主要的设备之一，现在一个家庭或办公室一般都有一台或两台以上的电脑，请组建一个家庭 / 办公共享网络，既可相互之间共享数据与资料，也可共用一条外线上网。

【相关知识】

1.局域网
2.网络拓扑结构
3.联网设备
4.IP 地址的概念与设置
5.设置文件夹共享

【任务实现】

1.准备相关设备

家庭 / 办公共享网络大都采用星形结构组成对等网，再通过交换机或路由器共享 ADSL Modem 上网，其典型拓扑结构如图 3-1 所示。

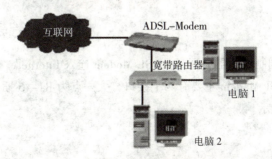

图 3-1 家庭 / 办公网络拓扑结构图

从图 3-1 中可以看出，要组建一个家庭 / 办公网络需要准备的设备有：电脑、网卡、网线、

Modem、交换机或路由器等。

（1）电脑

组网用电脑可以是台式电脑，也可以是笔记本电脑，本书如没有特别说明一般指台式电脑。

（2）网卡

网卡是"网络适配器"的俗称，是局域网中最基本的部件之一，它是连接计算机与网络的硬件设备。无论是双绞线连接、同轴电缆连接还是光纤连接，都必须借助于网卡才能实现数据通信。小型网络一般用10/100MB RJ-45接口的自适应网卡（如图3-2（a）所示），现在大部分电脑将网卡集成到主板上，只在主机背面留一个RJ-45接口，如图3-2（b）所示。

RJ-45网
卡接口

（a）　　　　　（b）

图3-2　网卡及接口

（3）网线

要连接网络中的设备，网线是必不可少的。在局域网中常见的网线主要有双绞线、同轴电缆、光缆三种。小型的网络一般用双绞线来联网，双绞线两端安装有RJ-45头（俗称水晶头），如图3-3所示。

图3-3　带水晶头的双绞线

（4）Modem

Modem中文名为调制解调器。通过ADSL Modem连入Internet，是目前家庭宽带上网的主要方式，常见的ADSL Modem主要有两个接口，大一点为RJ-45插口，小一点的为RJ-11电话插口，如图3-4所示。

图 3-4 ADSL Modem

（5）路由器

路由器是连接因特网中各局域网、广域网的设备。小型网络联网常用的路由器一般由一个 WAN 插口（接外网）和四个 LAN 插口（连接内网）组成，如图 3-5 所示。由于路由器价格比较便宜、功能强且带有四个 LAN 插口，在小型的家庭 / 办公网络中已取代交换机，成为最主要的联网设备。

图 3-5 路由器

2. 联网

设备准备好了，我们就可以将各设备按图 3-1 所示连接起来组成一个网络。

①将电话线插入 ADSL Modem 的 RJ-11 插口。

②用两头做好水晶头的网线将 ADSL Modem 的 RJ-45 插口与路由器的 WAN 插口相连。

③用另一根做好的网线将"电脑 1"网卡上的 RJ-45 插口与路由器上的 LAN 插口相连。

④用同样的方法将"电脑 2"与路由器上的另一个 LAN 插口相连。

⑤将路由器与 ADSL Modem 分别接上电源。

3. 观测网络连接

判断网络的物理连通与否除了用专业的测试工具外，还有一个简单有效的办法——目测法：观测网卡的指示灯或者路由器上对应的指示灯，一般指示灯为绿色表示网络连通。

4. 设置 IP 地址

连接好硬件以后，还要对计算机的 IP 地址进行设置才能实现计算机之间的通信。设置 IP 地址的操作步骤如下：

①右击桌面上的"网络"图标，在弹出的快捷菜单中选"属性"，弹出"网络和共享中心"窗口。

②在"网络和共享中心"窗口左侧栏单击"更改适配器设置"选项，如图 3-6 所示，打开"网络连接"窗口。

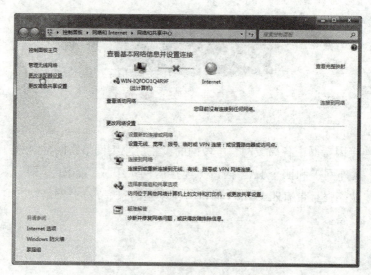

图 3-6 "网络和共享中心"对话框

③在"网络连接"窗口中双击"本地连接"图标，如图 3-7 所示，弹出"本地连接 属性"对话框。

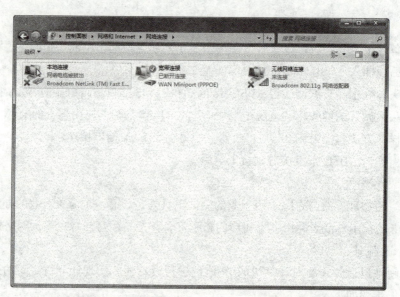

图 3-7 "网络连接"窗口（本地连接没连上）

④双击"Internet 协议版本 4（TCP/IPv4）"，如图 3-8 所示，弹出"Internet 协议（TCP/IP）属性"对话框，如图 3-9 所示。

图 3-8 "本地连接 属性"对话框

图 3-9 "Internet 协议版本 4（TCP/IPv4）属性"对话框

⑤选择"使用下面的 IP 地址"，输入 IP 地址和子网掩码，如图 3-10 所示。

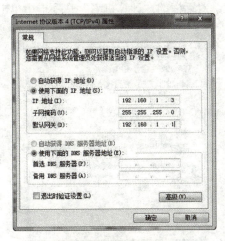

图 3-10 设置 IP 地址

⑥单击"确定"按钮，IP地址设置完成。

⑦按同样的方法设置另一台电脑的IP地址为198.168.1.1~198.168.1.254中除198.168.1.3外的其他值，子网掩码为255.255.255.0。

> **注意：**
> 在一个网络内，IP地址的值不能相同。

5.设置计算机名与工作组名

①右击桌面上的"计算机"图标，在弹出的快捷菜单中选择"属性"，弹出"系统"窗口。

②在"系统"窗口中单击"更改设置"选项，如图3-11所示。

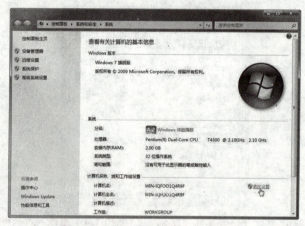

图3-11　"系统"窗口

③在弹出的"系统属性"对话框的"计算机名"选项卡中单击"更改"按钮，如图3-12所示。

图3-12　"系统属性"对话框

④在弹出的"计算机名/域更改"对话框中输入"计算机名""DN-1","工作组"为默认的"WORKGROUP",单击"确定"按钮,如图3-13所示。

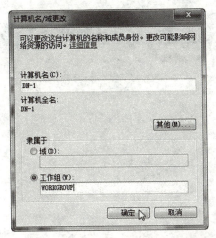

图3-13 "计算机名/域更改"对话框存

⑤按同样的方法将另一台电脑的"计算机名"设为"DN-2",工作组名设为WORKGROUP。

注意:
同一网络中的计算机名不能相同,工作组名最好相同。

6.设置文件夹共享
文件是不能设置共享的,只能设置文件所在的文件夹共享,具体设置步骤如下(以设置"E:\任务上交"文件夹共享为例):

①打开"计算机"→"本地磁盘(E:)",在"任务上交"文件夹上右击鼠标,在弹出的快捷菜单中选择"共享"→"家庭组(读取/写入)"命令,如图3-14所示。

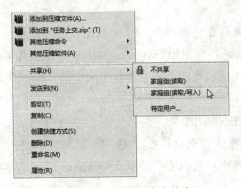

图3-14 设置文件夹共享

②在弹出的"文件共享"对话框中单击"是，共享这些项（Y）。"选项，如图 3-15 所示，默认的共享名就是文件夹的名字。

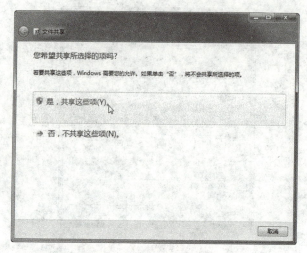

图 3-15　文件共享对话框

任务 2　连入 Internet

【任务描述】

任务 1 中我们已经成功地组建好了一个家庭 / 办公网络，现在我们来连入 Internet 吧。

【相关知识】

1.IP 地址的设置

2.路由器的设置

【任务实现】

1.申请宽带账号

要连入 Internet 必须要有相应的权限，这个权限就是用户账号与密码。对于采用 ADSL 方式连入 Internet 的用户，必须向当地 ISP（Internet 服务提供商）提交申请并交费，才能获得用户名与密码。目前国内比较大的 ISP 主要有中国电信、中国联通、中国移动等。

2.设置无线路由器

以常见的 TP-LINK 路由器为例。

①启动 IE，在地址栏输入 192.168.1.1，按回车键，在弹出的用户登录页面输入用户名与密码（详见说明书，一般用户名与密码都默认为 admin），如图 3-16 所示。

图 3-16　TP-LINK 路由器登录界面

②单击"确定"按钮，登录无线路由器主界面，如图 3-17 所示。

图 3-17　TP-LINK 无线路由器设置主界面

③单击"设置向导"选项，打开"设置向导"界面，如图 3-18 所示。

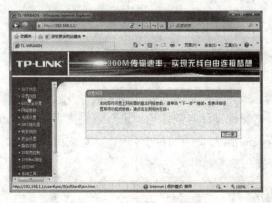

图 3-18　"设置向导"界面

④单击"下一步"按钮，根据实际情况选择上网方式，这里选择"ADSL 虚拟拨号（PPPoE）"，如图 3-19 所示。

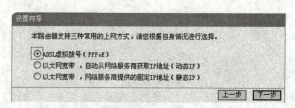

图 3-19　选择上网方式

⑤单击"下一步"按钮，输入从 ISP 得到的账号和口令，如图 3-20 所示。

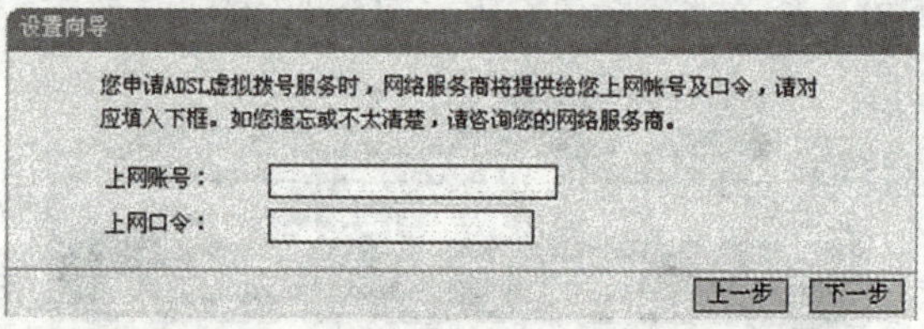

图 3-20　输入上网账号和上网口令

⑥单击"下一步"按钮，如图 3-21 所示。

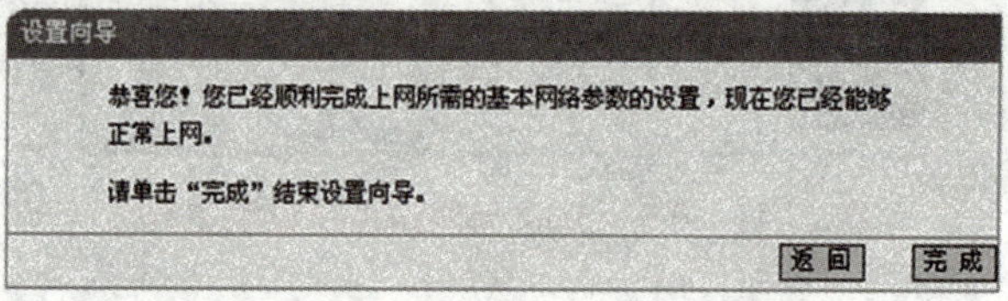

图 3-21　完成无线路由器上网设置

⑦单击"完成"按钮，无线路由器的设置就完成了。

任务 3　下载网络资源

【任务描述】

即将举办的"多媒体课件设计与制作培训班"需要撰写一份通知，请利用"搜索引擎"搜索并下载公文格式有关的信息和一些课间音乐，整理成撰写公文的文字资料、图片资料、课间音乐 3 个文件夹存放在参考资料文件夹 中。

【相关知识】

1. 文件 / 文件夹的概念

2.文件／文件夹的新建与重命名操作

3.文件的保存

4.搜索引擎的使用

5.互联网下载

【任务实现】

1.新建文件夹

①双击"计算机"→"本地磁盘（E：）"，打开"本地磁盘（E：）窗口"。

②单击工具栏上的"新建文件夹"按钮，如图3-22（a）所示，在"本地磁盘（E：）"下新建了一个文件夹，默认名字为"新建文件夹"，名称处于可改写状态，光标在闪烁，如图3-22（b）所示，输入文件夹名称"多媒体课件设计与制作培训班"，在窗口空白处单击鼠标左键或按回车键，文件夹命名成功，如图3-22（c）所示。

图 3-22　（a）新建文件夹

图 3-22　（b）新建文件夹的默认名称

图 3-22 （c）重命名文件夹

2.利用"搜索引擎"搜索并下载文字

目前主流的搜索引擎有很多，如"百度""谷歌""搜狗""搜搜"等，这里以"百度"为例。

（1）打开搜索引擎

双击桌面上的 IE 图标，打开浏览器窗口，在地址栏中输入百度网址"http：//www.baidu.com"，按回车键，进入百度网站页面，如图 3-23 所示。

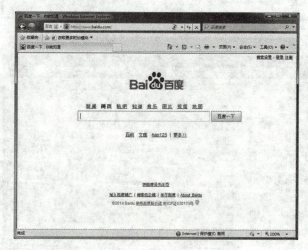

图 3-23 百度首页

> **注意:**
>
> 网页的页面内容不是固定不变的,不同时期打开的同一页面,其内容可能完全不相同。

(2)搜索网页

在搜索框中输入关键字"公文格式",单击"百度一下"按钮,此时符合搜索条件的内容以列表的形式显示在搜索栏的下方,页面下方还显示了搜索到的网页结果数量,如图 3-24 所示。

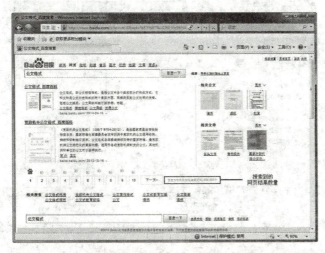

图 3-24　以"公文格式"为关键字搜索到的网页

(3)选择所需网页

在搜索结果中单击第 1 条"公文格式 百度百科"搜索结果,弹出新的网页,如图 3-25 所示。

图 3-25　"公文格式 百度百科"页面

（4）下载网页中的文字

①单击浏览器的"页面"→"另存为"菜单命令，弹出"保存网页"对话框。

②在对话框左侧的导航窗格中选择"本地磁盘（E：）"，然后打开"多媒体设计与制作培训班"下的"参考资料"文件夹。

③在"文件名"文本框中保留默认的"公文格式＿百度百科"文件名，在"保存类型"下拉列表中选择"文本文件（＊.txt）"选项，如图3-26所示，单击"保存"按钮。

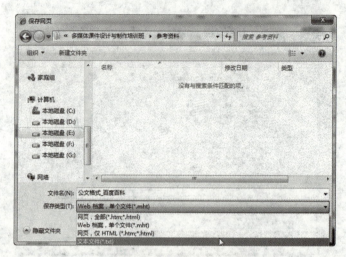

图 3-26　保存网页

④下载好的文字以文本文件形式存储，如图3-27所示。

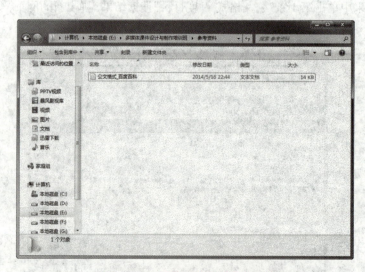

图 3-27　下载文字后的文本文档

※ 提示：

如只需下载网页中的部分文字，可以选中文字后点击鼠标右键，在快捷菜单中选择复制，然后将文字粘贴在文本文档或其他文档中。

3.利用"百度"搜索并下载图片

①在百度首页搜索栏上方单击"图片"选项，进入百度网站图片下载页面。在搜索栏中输入关键字"公文格式"，单击"百度一下"按钮，此时，符合搜索条件的内容以缩略图的形式显示在搜索栏的下方，如图3-28所示。

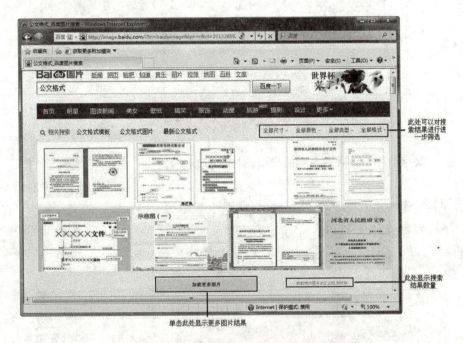

图3-28 以"公文格式"为关键字搜索到的图片

※ 提示：

如果打开的窗口比较小，不能完全显示页面内容，可以单击窗口右上角的最大化按钮或通过拖动窗口滚动条来查找图片；如果搜索到的图片比较多，可以在右上角的"全部尺寸""全部颜色"等下拉菜单中选择尺寸或颜色对搜索结果进行进一步筛选，也可以单击页面下方的"加载更多图片"按钮查看更多结果，如图3-28所示。

②单击任意一张缩略图即可展开该图片。

③在大图上右击鼠标，单击快捷菜单上的"图片另存为"命令，如图3-29所示，弹出"保存图片"对话框。

图 3-29　图片右键菜单

④在"保存图片"对话框左侧的导航窗格中双击"计算机"→"本地磁盘（E：）"→"多媒体设计与制作培训班"→"参考资料"，此路径即显示在地址栏中表示图片保存的位置；在"文件名"旁的输入框中输入"公文格式图片 1"，表示图片保存的文件名称；在"保存类型"下拉列表框中选择 JPEG（*.jpg），表示文件的扩展名为 JPEG（此处默认的扩展名就是 JPEG，可以不选择，保持不变就可以了），如图 3-30 所示。

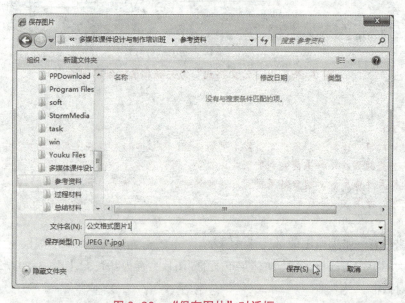

图 3-30　"保存图片"对话框

⑤单击"保存"按钮，图片即被保存至"E:\多媒体课件设计与制作培训班\参考资料"目录下。

⑥用同样方法再次下载 2 张不同格式的"公文格式"图片并保存在相同文件夹，文件名分别为"公文格式图片 2""公文格式图片 3"。

※　提示：
如果在图 3-29 所示的右键菜单中，选择的是"复制"命令，可以将图片复制到某一文档中去，其后续操作与下载文字的操作类似。

4. 利用"搜索引擎"搜索并下载音乐

（1）搜索音乐

在百度首页搜索栏上方单击"音乐"选项，进入百度音乐下载页面，在搜索栏中输入关键字"课间音乐"，如图 3-31 所示，单击"百度一下"按钮，符合搜索条件的内容以列表的形式显示在搜索栏的下方，我们可以播放单曲或将歌曲添加到播放列表后播放，还可以将喜爱的歌曲下载到电脑或手机，如图 3-32 所示。

图 3-31　百度 mp3 歌曲下载页面

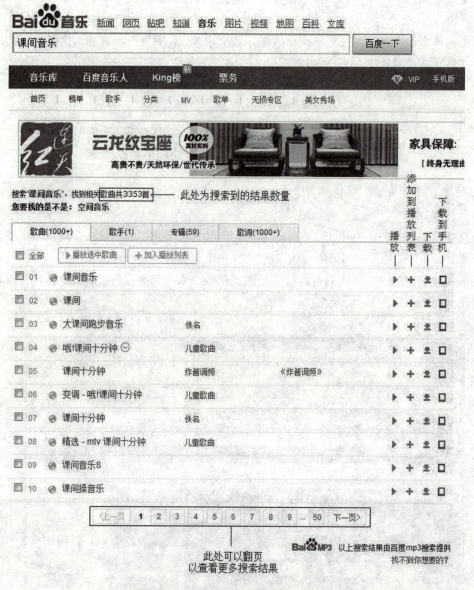

图 3-32 与"课间音乐"有关的歌曲

（2）试听并下载音乐

①在图 3-32 所示的页面中，单击第一首音乐右边的"▶"按钮，弹出"百度音乐盒"页面，在这里我们可以试听该歌曲。

②试听满意，单击页面下方的"⬇"按钮，如图 3-33 所示，开始下载该歌曲。

图 3-33 试听音乐

③在弹出的页面中单击"下载"按钮，如图 3-34 所示。

图 3-34 下载链接

④在弹出的页面中单击"下载"按钮，如图 3-35 所示。

图 3-35 将歌曲下载至电脑

⑤在弹出的页面中单击"立即下载"按钮，如图 3-36 所示。

图 3-36　立即下载歌曲

⑥在弹出的"文件下载"对话框中单击"保存"按钮，如图 3-37 所示，参照图 3-28 所示的步骤选择保存位置，将歌曲保存至"E:\多媒体课件设计与制作培训班\参考资料"目录下。

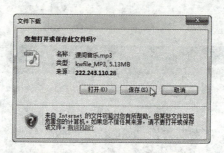

图 3-37　"文件下载"对话框

⑦按照同样的方法，下载至少 5 首课间音乐到"E:\\多媒体课件设计与制作培训班\参考资料"文件夹中，如图 3-38 所示。

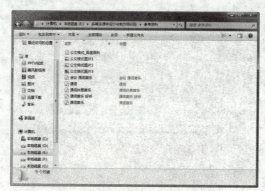

图 3-38　"参考资料"文件夹

【拓展任务】

利用另一搜索引擎（如谷歌：http：//www.google.cn）搜索并下载与周杰伦有关的信息，如个人简介、照片、歌曲（格式不限）等到本地磁盘。

任务 4　管理资源

【任务描述】

为了便于管理及查找方便，请将刚下载的文字、图片、歌曲等进行整理并分类存放。

【相关知识】

1. 文件 / 文件夹的选择、复制、移动
2. 利用 "我的电脑" 操作文件 / 文件夹
3. 利用 "资源管理器" 操作文件 / 文件夹

【任务实现】

1. 查看文件

刚下载下来的文件比较多，我们可以利用不同的视图方式查看它们的内容或详细信息，还可以按照指定的排序来查看文件。

（1）更改视图方式

在 "参考资料" 文件夹窗口单击工具栏上的 "更改您的视图" 按钮，如图 3-39（a）所示，可以依次切换不同的视图方式，也可以单击按钮旁的 "?" 更多选项按钮，选择一种所需的视图方式。这里我们在下拉菜单中选择 "内容" 视图方式，如图 3-39（b）所示，在这种视图方式下，我们可以看到图片的缩略图，也可以看到不同类型文件的详细信息，如图 3-39（c）所示。

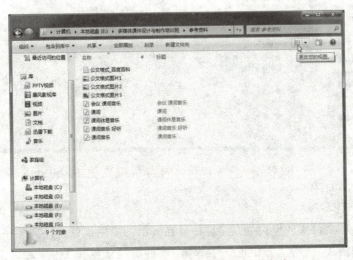

图 3-39　（a）依次选择不同的视图方式

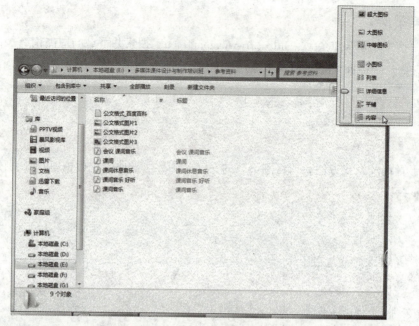

图 3-39　（b）选择"内容"视图方式

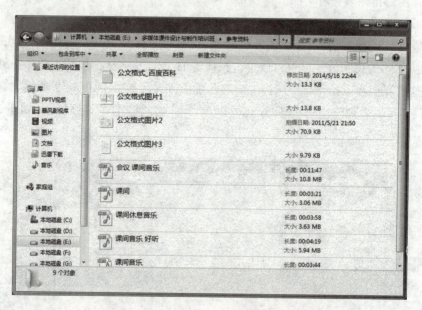

图 3-39　（c）"内容"视图方式

（2）更改排序方式

在"参考资料"文件夹的空白处右击鼠标，在弹出的快捷菜单选择"排序方式"→"类型"菜单命令，如图 3-40 所示，让此文件夹中的文件按照"类型"排序。

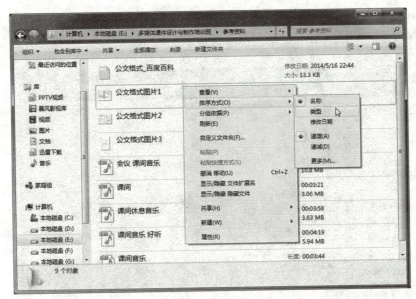

图 3-40 以"详细信息"显示文件夹内容

2.整理文件

将上一任务中下载的文字、图片、音乐等文件分类存放。

①在"参考资料"文件夹中新建三个文件夹，并分别命名为"文字资料""图片资料""课间音乐"，如图 3-41 所示。

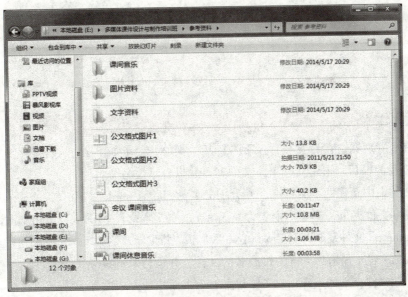

图 3-41 在"参考资料"文件夹下新建 3 个文件夹

②同时选定 3 张图片文件，鼠标指向选中的文件并按住鼠标左键不放，拖动文件至"图片资料"文件夹，如图 3-42 所示，松开鼠标左键，3 张图片即移动到"图片资料"文件夹下。

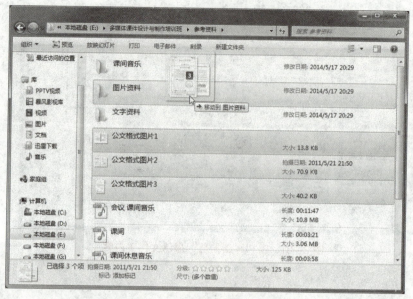

图 3-42　选中并拖动文件

③用同样方法将"公文格式_百度百科"文件移动到"文字资料"文件夹下，将 5 个音乐文件移动到"课间音乐"文件夹下。

※　提示：

选定多个连续的对象：先选定第 1 个对象，按下【Shift】键的同时选定最后一个对象。

在同一磁盘内，用鼠标拖放文件/文件夹时，如果按住【Ctrl】键，表示复制文件/文件夹。

【拓展任务】

利用"资源管理器"在 E 盘根目录下进行相关操作，要求如下：

（1）在 E 盘的根目录下建立一个新文件夹，并以自己姓名命名。

（2）该文件夹中新建两个文件夹，并分别命名为 abc 与 word。

（3）在 abc 文件夹下，建立一个名为 temp.txt 的空文本文件和 teap.jpg 的图像文件。

（4）将 temp.txt 文件复制一份到 word 文件夹下，并重新命名为 best.txt。

（5）查找 C：盘中所有以 exe 为扩展名的文件，并运行 wmplayer.exe 文件。

（6）为 abc 文件夹下的 teap.jpg 文件建立一个桌面快捷方式图标。

（7）删除 abc 文件夹，并清空回收站。

任务5 发送电子邮件给老师

【任务描述】

将任务3中下载的课间音乐任选两首，通过E-mail发送给授课老师。

【相关知识】

1. 电子邮件概念
2. 收发电子邮件

【任务实现】

1. 申请邮箱

要收发电子邮件，首先必须拥有电子邮箱。目前，国内有很多网站提供免费电子邮件服务，申请电子邮箱的操作步骤如下（以申请"网易"163邮箱为例）。

①在IE浏览器的地址栏输入网址"http：//mail.163.com"进入网易邮箱主页，在用户登录框下方单击"注册"按钮，如图3-43所示。

图3-43 网易免费邮箱首页

②在注册页面输入"邮件地址""密码"等注册信息（带有红色*标记的为必填项），单击"注册"按钮，如果填的注册信息符合要求，稍等片刻，新邮箱就会注册成功，网易手机号码邮箱注册页面如图3-44（a）所示、字母邮箱注册页面如图3-44（b）所示。

图 3-44　（a）网易手机号码邮箱注册页面

图 3-44　（b）网易字母邮箱注册页面

③信息填写完毕，单击"立即注册"按钮，如果填的注册信息符合要求，稍等片刻，新邮箱就会注册成功，如图3-45所示。

图3-45 注册成功页面

2. 发送邮件

①进入网易邮箱主页 http : //mail.163.com，在"用户名"和"密码"文本框内输入刚申请的邮箱账号与密码，如图3-46所示。

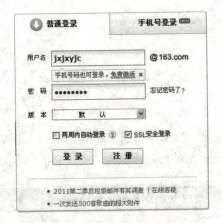

图3-46 "163"邮箱登录界面

②单击"登录"按钮，登录邮箱，如图3-47所示。

图3-47 邮箱登录成功界面

③在邮箱界面的左侧单击"写信"按钮，即可打开撰写邮件内容的网页。在该网页的"收件人"文本框中输入老师的邮箱地址，在"主题"文本框中输入邮件的主题，在"内容"编辑框中输入正文，单击"添加附件"命令，在弹出的对话框中选择要传给朋友的歌曲或其他文件（可以上传多个），如图 3-48 所示。

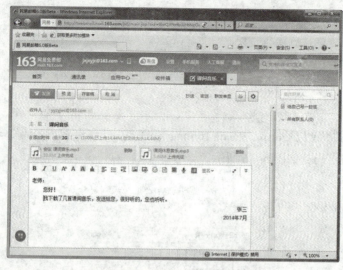

图 3-48　网易 163 邮箱写信界面

④待附件上传完毕后，单击"发送"按钮，即可将撰写好的邮件连同歌曲发送到老师的邮箱中，发送完后系统会提示邮件已发送成功，如图 3-49 所示。

图 3-49　邮件发送成功界面

【拓展任务】

将任务3拓展任务中下载的周杰伦的歌曲任选两首，通过 E-mail 发送给老师和同桌。

【知识巩固】

阅读配套教材第3章的内容，并做后面的习题。

拓展项目一 下载"南丁格尔"相关资料并发送文件

（医卫类）

利用搜索引擎搜索并下载"南丁格尔"的图片和介绍，并分类存放。将文件夹添加至压缩文件，以附件形式发送至老师的邮箱。

【要点提示】

1. 将"南丁格尔"的文字介绍以文本文档形式保存，并存放于"文字介绍"文件夹中。
2. 将"南丁格尔"图片存放于"图片"文件夹中。
3. 将"文字介绍"和"图片"存放至"南丁格尔"文件夹中。
4. 利用 WINRAR 软件，将"南丁格尔"文件夹压缩成一个文件。
5. 通过附件将"南丁格尔.rar"发送至老师。

拓展项目二 下载"汽车制造"相关资料并发送文件

（工科类）

利用搜索引擎搜索并下载"汽车制造"的图片和介绍，并分类存放。将文件夹添加至压缩文件，以附件形式发送至老师的邮箱。

【要点提示】

1. 将"汽车制造"的文字介绍以文本文档形式保存，并存放于"文字介绍"文件夹中。
2. 将"汽车制造"图片存放于"图片"文件夹中。

3.将"文字介绍"和"图片"存放至"汽车制造"文件夹中。

4.利用 WINRAR 软件，将"汽车制造"文件夹压缩成一个文件。

5.通过附件将"汽车制造 .rar"发送至老师。

拓展项目三　下载"花卉品种"相关资料并发送文件

（综合类）

利用搜索引擎搜索并下载"菊花品种"的图片和介绍，并分类存放。将文件夹添加至压缩文件，以附件形式发送至老师的邮箱。

【要点提示】

1.将"菊花品种"的文字介绍以文本文档形式保存，并存放于"文字介绍"文件夹中。

2.将"菊花品种"图片存放于"图片"文件夹中。

3.将"文字介绍"和"图片"存放至"菊花品种"文件夹中。

4.利用 WINRAR 软件，将"菊花品种"文件夹压缩成一个文件。

5.通过附件将"菊花品种 .rar"发送至老师。

拓展项目四　下载"求职简历"相关资料并发送文件

（综合类）

利用搜索引擎搜索并下载"求职简历"的图片和介绍，并分类存放。将文件夹添加至压缩文件，以附件形式发送至老师的邮箱。

【要点提示】

1.将"求职简历"的文字介绍以文本文档形式保存，并存放于"文字介绍"文件夹中。

2.将"求职简历"图片存放于"图片"文件夹中。

3.将"文字介绍"和"图片"存放至"求职简历"文件夹中。

4.利用 WINRAR 软件，将"求职简历"文件夹压缩成一个文件。

5.通过附件将"求职简历 .rar"发送至老师。

模块四　信息安全维护

计算机病毒的产生是计算机技术和以计算机为核心的社会信息化进程发展到一定阶段的必然产物。计算机病毒具有破坏性、复制性和传染性。我们在使用计算机的同时，能够知晓计算机病毒，知道如何来预防它，保护计算机的安全。

培　养　目　标

知识目标

1.了解计算机系统的威胁和攻击的分类。

2.了解计算机黑客与犯罪。

3.掌握计算机病毒的危害、预防、清除。

4.掌握系统用户密码和防火墙设置。

5.掌握系统漏洞的修复方法。

能力目标

1.能熟悉并掌握计算机系统中毒现象。

2.系统安全设置及防火墙设置。

3.能熟悉并掌握一些杀毒软件的使用方法。（360、瑞星、金山）

素质目标

1.通过同学之间的相互讨论、互相帮助，增进学生之间的相互感情。

2.提升学生自我防范意识，合理合法利用网络资源，做到文明上网。

项目　信息安全和防护

在网络生活中，常见的安全问题有病毒安全、密码安全、电子邮件安全、网络黑客等。

对个人用户来说计算机的安全很重要，来自系统本身的和网络的侵害主要包括木马程序、移动硬盘、病毒以及不良站点等。

任务 1　Windows 7 系统安全设置（用户密码、防火墙）

【任务描述】

在网络中主要涉及的密码有银行账号、信用卡号、邮箱密码和 QQ 密码以及系统安全用户密码等。要确保这些密码的安全，当然需要有足够的防范措施。本任务我们来进行开机的一些安全设置。

【相关知识】

1. 系统用户密码设置
2. 防火墙的设置

【任务实现】

1. 系统用户密码设置。

（1）首先从 Windows 7 桌面左下角的"开始菜单"找到"控制面板"，然后点击"控制面板"进入操作界面，如图 4-1 所示。

图 4-1　开始菜单界面

（2）进入控制面板后，点击"用户账户和家庭安全"，如图 4-2 所示。

图 4-2　控制面板界面

（3）在用户账户和家庭安全界面点击右侧栏中的"更改 Windows 密码"。如图 4-3 所示。

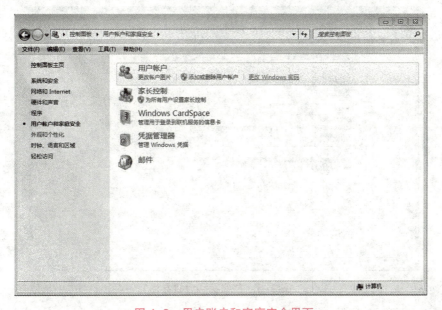

图 4-3　用户账户和家庭安全界面

（4）在用户账户界面的右侧栏中点击"为您的账户创建密码"，如图 4-4 所示。

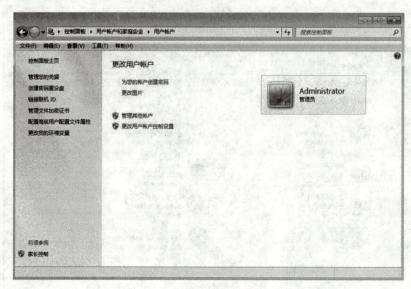

图 4-4　用户账户界面

（5）接下来进入创建密码设置界面，按照提示，输入 2 次密码（记得两次输入的密码必须一样，另外尽量填写自己所熟悉的密码，否则后面开机自己不知道密码就麻烦了），填写完密码后，点击由下角的"创建密码"即可，如图 4-5 所示。

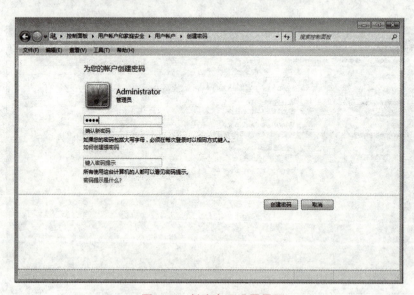

图 4-5　创建密码设置界面

※ 提示：
在这里输入的密码都是以黑点形式显示的。

（6）填写完密码后，即完成了 Windows 7 开机密码的创建，如图 4-6 所示。

图 4-6　密码创建完成界面

（7）最后如果想看下效果，重启电脑或注销即可看到登录界面，需要输入密码才可以进入电脑，如图 4-7 所示。

图 4-7　Windows 7 系统登录界面

2.防火墙的设置

（1）在 Windows 7 桌面上，单击开始菜单处进入控制面板，然后点击"系统和安全"，如图 4-8 所示。

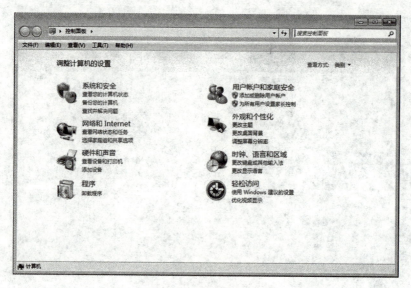

图 4-8 控制面板界面

（2）在系统和安全界面右侧栏中点击"Windows 防火墙"，如图 4-9 所示。

图 4-9 系统和安全界面

（3）进入 Windows 防火墙界面，单击左侧栏中的"打开或关闭 Windows 防火墙"，如图 4-10 所示。

图 4-10　Windows 7 防火墙界面

（4）点击进入"自定义设置"界面，点击"启用 Windows 防火墙"即可开启 Windows 7 的防火墙，如图 4-11 所示。

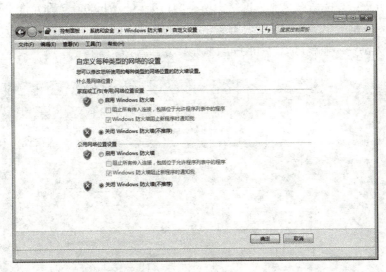

图 4-11　自定义设置界面

（5）Windows 7 新手用户尽可放心大胆去设置，就算操作失误也没关系，Windows 7 系统提供的防火墙"还原默认设置"功能可立马帮你把防火墙恢复到初始状态，如图 4-12 所示。

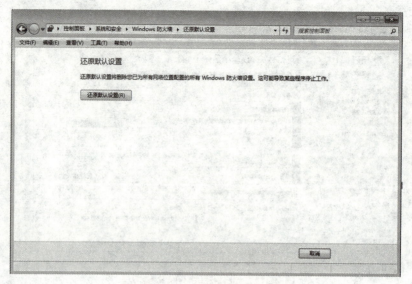

图 4-12　还原默认设置界面

（6）Windows 7 提供了三种网络类型供用户选择使用：公共网络、家庭网络或者工作网络，后两者都被 Windows 7 系统视为私人网络。所有网络类型，Windows 7 都允许手动调整配置。另外，Windows 7 系统中为每一项设置都提供了详细的说明文字，一般用户在动手设置前有不明白的地方先浏览一遍就可以，如图 4-13 所示。

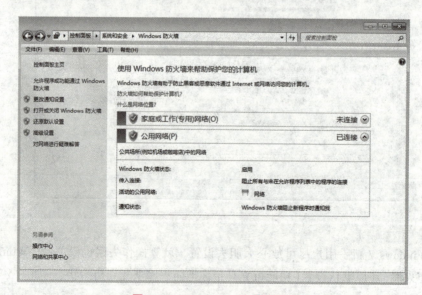

图 4-13　Windows 防火墙界面

【任务小结】

本次任务主要介绍了系统用户密码设置以及防火墙设置，目的是通过这一任务让学生能独立完成系统的安全设置。

【拓展任务】

用其他方式对系统用户进行密码设置。

【知识巩固】

阅读配套教材的第 4 章第 1 节的内容，做配套教材第 4 章相关习题。

任务 2　查杀计算机病毒与木马

【任务描述】

在网络日益普及的今天，病毒也越来越猖獗，杀毒软件是最常用的防御病毒与木马的措施。应用任意一款杀毒软件（360、金山、瑞星）等对计算机系统内存和硬盘进行病毒和木马扫描并对它们进行处理，这里我们以下载并安装 360 杀毒软件为例。

【相关知识】

1. 杀毒软件的安装与使用
2. 能熟悉掌握 360 查杀病毒

【任务实现】

1. 下载 360 杀毒软件

①双击桌面的"Internet Explorer"浏览器快捷图标，打开 IE 浏览器。在地址栏内输入 360 杀毒官方网址 http：//sd.360.cn/，按回车键或单击"转到"按钮，打开 360 官方网站，如图 4-14 所示。

图 4-14　"360 官方网站"首页

②单击"正式版"按钮，弹出"文件下载 – 安全警告"对话框，如图 4–15 所示。

图 4–15　"文件下载 – 安全警告"对话框

③单击"保存"按钮，打开"另存为"对话框，如图 4–16 所示。

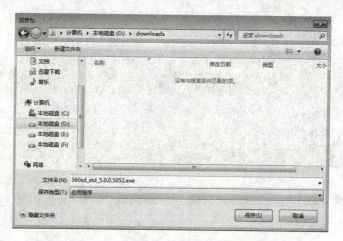

图 4–16　"另存为"对话框

④单击"保存"命令，将文件保存在"D：/downloads"的根目录下。

2. 安装 360 杀毒软件

①载完成后，就可以开始安装 360 杀毒软件了，单击"立即安装"，如图 4–17 所示。

图 4–17　安装 360 杀毒软件

②正在安装，如图 4-18 所示。

图 4-18　360 杀毒软件正在安装

③安装完成，进入主界面，如图 4-19 所示。

图 4-19　360 杀毒软件主界面

3.查杀病毒与木马

360 杀毒具有实时病毒防护和自动扫描功能，可以为系统和网络侵害提供全面的安全防护。

（1）查杀病毒

360 杀毒提供了几种手动病毒扫描方式：全盘扫描、快速扫描，以及功能大全。

①全盘扫描　扫描所有磁盘，包括插在主机上的 U 盘都进行扫描。

②快速扫描　只扫描 Windows 系统目录及 Program Files 目录。

③功能大全　系统安全、系统优化、系统急救。

其中前两种扫描都已经在 360 杀毒主界面中作为快捷任务列出，只需点击相关任务就可以开始扫描。启动扫描之后，会显示"扫描进度"窗口，如图 4-20 所示为"快速扫描"的"扫描进度"窗口。在这个窗口中您可看到正在扫描的文件、总体进度，以及发现问题的文件。

我们可以选中自动处理扫描出的病毒威胁，让 360 自动处理扫描出的病毒。

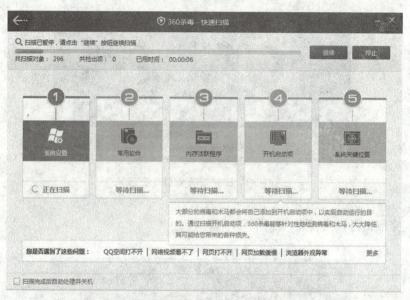

图 4-20　"快速扫描"的"扫描进度"窗口

④快速扫描完成后，将显示扫描出来的结果，点击"立即处理"，如图 4-21 所示。

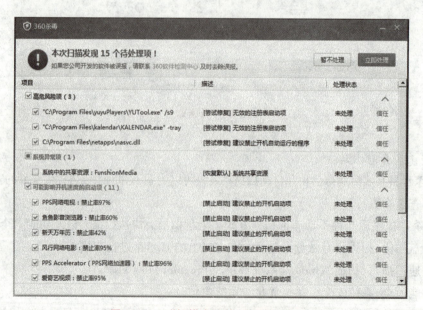

图 4-21　"扫描发现待处理项"窗口

⑤已成功处理所有发现的项目，然后点击"立即重启"，如图 4-22 所示。

图 4-22　"已成功处理"窗口

【任务小结】

本次任务主要介绍了以 360 为例的杀毒软件的下载、安装及病毒木马查杀和防护，目的使学生能够学会使用其他的杀毒软件及对病毒木马的预防。

【拓展任务】

下载及安装 360 安全卫士，要求学生掌握并使用电脑体验、木马查杀、系统修复、电脑清理、系统加速等功能。

【知识巩固】

阅读配套教材的第 4 章第 2 节的内容，做配套教材第 4 章相关习题。

拓展项目

使用 360 杀毒软件及 360 安全卫士对 Windows 7 系统进行检测。

【要点提示】

1. 全盘扫描查杀病毒木马。
2. 清理计算机在使用过程中所产生的垃圾、插件及木马病毒。
3. 系统优化加速，禁用不必要的启动项。
4. 系统漏洞修复。

模块五　利用 Word 2010 处理文档

Word 2010 是 Microsoft 公司开发的 Office 2010 办公组件之一，主要用于文字处理工作。

本模块采用项目教学方法，通过大量案例任务全面介绍了该软件的功能和应用技巧。该项目共分为 6 个任务，内容涵盖了 Word 2010 的基本知识和基本操作、文本的输入与编辑、文档格式编排、页面设置与打印输出、图文混排、应用表格、文档高级编排、文档审阅、长文档编排等。

学 习 目 标

知识目标

1. 了解创建和保存 Word 2010 文档的基本方法。
2. 掌握文档的编辑和文档的排版的方法。
3. 掌握图形处理的方法。
4. 掌握表格处理的方法。

能力目标

1. 能创建、打开和保存 Word 2010 文档。
2. 能运用 Word 2010 制作并排版各种类型的文稿、信函、公文等实用文档。
3. 能在文档中加入多种类型的表格、图形及图表。
4. 能使用邮件合并等高级功能。
5. 能进行长文档的排版。
6. 能对 Word 2010 文档进行页面设置，学会预览及熟练打印各类文档。

素质目标

1. 培养学生发现美和创造美的能力，提高学生的审美情趣。
2. 培养学生的自学能力和获取计算机新知识、新技术的能力。
3. 发挥学生的想象力和创意。
4. 培养学生的互帮互助的合作精神。

项目　制作计算机培训班通知系列文档

　　为了适应时代的需要，推广多媒体教学，使每位教师都能熟练运用多媒体进行教学，××市教育局将举办多媒体课件设计与制作培训班。现需要拟一份培训通知发送至全市各个学校，在通知中说明培训时间、地点以及相关的事项。本项目即利用 Word 2010 文字处理软件制作该培训通知。

　　项目由 6 个任务构成，分别为制作培训通知、制作培训安排表、制作培训报名流程图、群发培训通知、制作培训简报、多媒体课件制作培训工作总结。项目完成结果如图 5-1 所示。

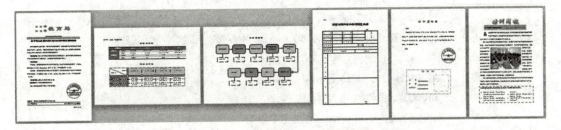

图 5-1　"培训通知"打印预览效果

任务 1　制作培训通知

【任务描述】

　　利用 Word 2010 文字处理软件，新建"培训通知"文档，对"培训通知"文档进行字符格式、段落格式等设置，效果如图 5-2 所示。

××省 ××市 教育局

××办发【2013】008 号

关于举办多媒体课件设计与制作培训班的通知

为了适应时代的需要，为了推广多媒体教学，使每位教师都能熟练运用多媒体进行教学，经研究，特举办多媒体课件设计与制作培训班，提高教师多媒体课件设计与制作的能力。现将有关事项通知如下：

培训方式：培训采用理论与实践相结合的方式进行，教师根据自身多媒体课件制作的实际水平自愿报名，分普及班和提高班进行培训。

培训内容：

普及班：掌握多媒体课件制作的一般方法，能运用多媒体进行教学；开设计算机基础（1 次），PowerPoint 应用（3 次），常用工具软件（2 次）。

提高班：掌握多媒体课件设计制作的技巧，熟悉多媒体课件设计制作竞赛的标准和要求；开设 Flash 基础（2 次），Author Ware 基础（3 次），常用工具软件（1 次）。

培训时间：2013.6.10 至 2013.6.16。

培训地点：市教育局多媒体机房。

培训班的具体安排和培训内容见附表。

××市教育局
二〇一三年六月六日

主题词：教育局 多媒体课件制作 培训班

××市教育局　　　　　　　　　　二〇一三年六月七日签发

共印 45 份

图 5-2　任务 1 "制作培训通知"效果图

【相关知识】

1. 创建和保存 Word 文档的基本方法

2. 设置字符格式

3. 设置段落格式

4. 页面设置

5. 打印

【任务实现】

新建并保存文档

（1）Word 2010 的启动

方法一：单击"开始"→"所有程序"→"Microsoft Office"→"Microsoft Word 2010"命令，如图 5-3 所示；

图 5-3 利用"开始"菜单启动 Word 2010

方法二：双击桌面上的 Microsoft Word 2010 快捷方式图标；

方法三：双击任何 Word 文档或 Word 文档的快捷方式，即可启动 Word 2010 工作窗口，如图 5-4 所示。

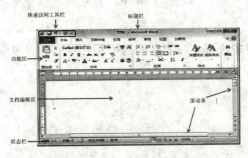

图 5-4 Word 2010 工作窗口

（2）新建 Word 文档

新建文档有多种方式，常用的有以下几种：

方法一：启动 Word 2010 时将自动建立一个空白文档"文档1"，Word 文档的扩展名为 .docx。

方法二：单击标题栏中的"新建空白文档"按钮，可创建一个空白文档。

方法三：单击"文件"→"新建"命令，打开"新建文档"任务窗格，如图 5-5 所示，该任务窗格又分为："可用模板"标签和"Office.com 模板"标签。

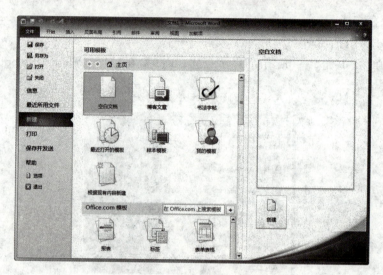

图 5-5 "新建文档"任务窗格

2. 录入文字

关于举办普通话学习班的通知

××省××市教育局

×××办发【2013】008 号

为了适应时代的需要，为了推广多媒体教学，使每位教师都能熟练运用多媒体进行教学，经研究，特举办多媒体课件设计与制作学习班，提高教师多媒体课件设计与制作的能力。现将有关事项通知如下：

学习方式：学习采用理论与实践相结合的方式进行，教师根据自身多媒体课件制作的实际水平自愿报名，分普及班和提高班进行学习。

学习内容：

普及班：掌握多媒体课件制作的一般方法，能运用多媒体进行教学；开设计算机基础（1次），PowerPoint 应用（3次），常用工具软件（2次）。

提高班：掌握多媒体课件设计制作的技巧，熟悉多媒体课件设计制作竞赛的标准和要求；开设 Flash 基础（2 次），Author Ware 基础（3 次），常用工具软件（1 次）。

学习时间：2013 年 6 月 10~16 日。

学习地点：市教育局多媒体机房。

学习班的具体安排和学习内容见附表。

××市教育局

二〇一三年六月六日

主题词：教育局 多媒体课件制作 培训班

××市教育局 二〇一三年六月七日签发

共印 45 份

※ 提示：

需要输入键盘上没有的特殊符号，可执行"插入"→"符号"命令，打开如图 5-6 所示的对话框，选择所需要的符号插入。

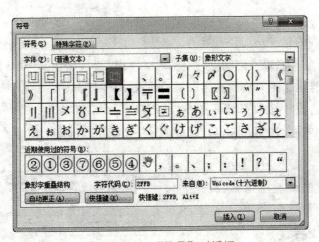

图 5-6 "符号"对话框

3. 修改文字内容

（1）将正文第一段中的"普通话"修改成"多媒体课件设计制作"。

将光标置于"普通话"后面，单击"退格键"删除并重新输入"多媒体课件设计制作"。

（2）将文中第三段"为了适应……通知如下："内容复制到文中最后一段。

①选定要复制的文本。

②在选中的段落上右击鼠标（注意鼠标要指向选定的段落）。

③在右键快捷菜单中选择"复制"命令。

④将光标置于最后一段末尾，单击"回车键"。

⑤右击鼠标，选择"粘贴"命令即可。

（3）将正文第一段移至第三段之后。

①选定要移动的一段。

②在选中的段落上右击鼠标。

③在右键菜单中选择"剪切"命令。

④将光标置于第三段末尾处，按"回车键"。

⑤右击鼠标，在右键菜单中选择"粘贴"命令。

（4）将正文的最后一段"为了适应……通知如下："删除。

①选定最后一段文本。

②按"退格"键（或按"删除"键）便可删除。

※　提示：

在编辑的过程中，如果发现上一个操作出现了错误，即可单击标题栏上的"撤销"按钮" "。如果发现"撤销"有误，则可单击标题栏上的"恢复"按钮" "。撤销与恢复操作可多次重复，但在 Word 2010 中并不是所有的操作都是可以撤销与恢复的。

（5）将正文中所有的"学习"替换为"培训"。

①单击"开始"功能区最右侧的"替换"命令，弹出"查找和替换"对话框，如图 5-7 所示。

②在"替换"选项卡的"查找内容"框中输入"学习"。

③在"替换为"框中输入"培训"。

④单击"全部替换"按钮，在打开的对话框中，单击"确定"按钮。

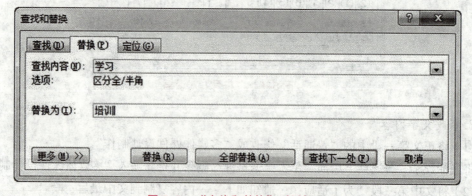

图 5-7　"查找和替换"对话框

（6）编辑后的结果如图 5-8 所示。

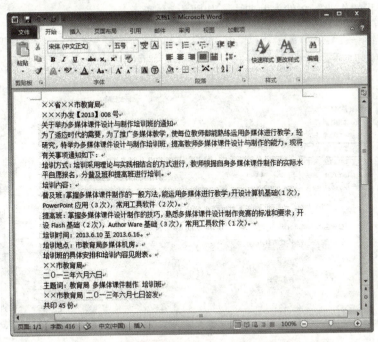

图 5-8 "制作培训通知"文本初步编辑结果

4. 保存文档

（1）单击"文件"→"保存"命令，弹出"另存为"对话框，如图 5-9 所示。

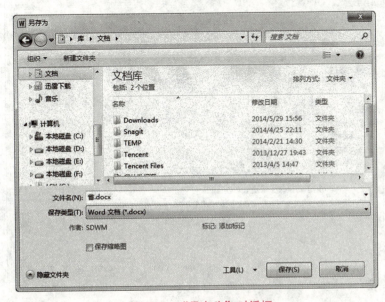

图 5-9 "另存为"对话框

（2）在"另存为"对话框的左侧列表框中选择"本地磁盘（E：）"并单击，在右侧列表框中选择"我的作业"文件夹并双击，如图5-10所示。

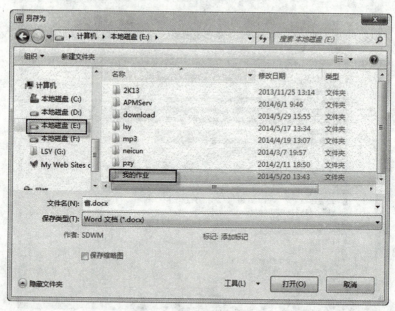

图5-10 保存文档

（3）在"文件名"文本框内输入"机号－姓名－任务1制作培训通知.docx"，保存类型使用默认的"Word文档（*.docx）"，如图5-11所示，单击"保存"按钮。

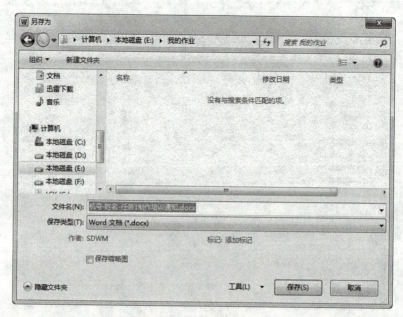

图5-11 保存重命名

在"另存为"对话框中的"保存类型"下拉列表框中,有17种可保存的文件类型,可以根据需要选择文件类型,默认保存类型是"Word 文档(*.docx)"。

5.设置字符格式

(1)将文中第1行文字设置为:隶书、加粗、红色、48 磅、字符间距加宽至 8 磅。

①选定第1行"××省××市教育局",单击"开始"功能区"字体"组的"字体"展开按钮" ",打开"字体"对话框。

②在"字体"选项卡的"中文字体"下拉列表中选择"隶书","字形"列表选择"加粗","字号"列表选择"48","字体颜色"下拉列表中选择"标准色"→"红色",如图 5-12 所示。

图 5-12 "字体"对话框

③单击"高级"选项卡,在"字符间距"→"间距"下拉列表中选择"加宽",并设置磅值为"8 磅",如图 5-13 所示,单击"确定"按钮。

图 5-13 设置字符间距

（2）用与上面一样的方法将文中第 2 行文字"×××办发【2013】008 号"设置为：黑体、11 磅、加粗。

（3）将文中第 3 行文字"关于举办多媒体课件设计制作培训班的通知"设置为：宋体、小二号、加粗。

（4）将文中剩余行设置为：宋体、小四号。

（5）设置"培训内容、培训方式、培训时间、培训地点"字符格式为加粗：单击"开始"功能区"字体"组中" B "、"加粗"按钮。

6.设置中文版式

（1）选定"××省××市"6 个字符。

（2）单击"开始"功能区"段落"组中" ☒ "、"中文版式"按钮→"双行合一"命令，打开"双行合一"的对话框，如图 5-14 所示。

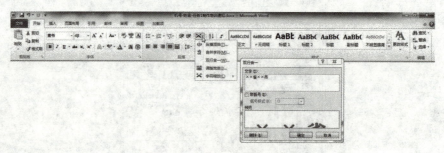

图 5-14　设置"双行合一"

（3）单击"确定"按钮，将这 6 个字符设置为双行合一的效果。

7.设置段落格式

（1）设置第 1~3 段居中：选定第 1~3 段，单击"开始"功能区"段落"组中"居中"按钮，如图 5-15 所示。

图 5-15　"段落"组

（2）设置第 1 段：段前 1 行、段后 2 行。

①选定第 1 段，单击"开始"功能区"段落"组中的"段落"展开按钮，打开"段落"对话框如图 5-16 所示。

②在"缩进和间距"选项卡中，设置"间距"：段前 1 行、段后 2 行，单击"确定"按钮。

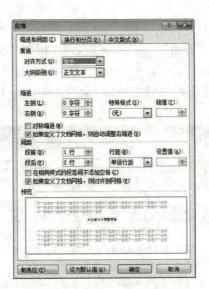

图 5–16　"段落"对话框

（3）用同样的方法设置第 3 段：段后间距 1 行。

（4）设置 4~11 段：首行缩进 2 字符、1.5 倍行距。

①选定 4~11 段，打开"段落"对话框，

②在"缩进和间距"选项卡，单击"特殊格式"→"首行缩进"磅值为"2 字符"；单击"行距"→"1.5 倍行距"，如图 5–17 所示。

图 5–17　设置"特殊格式"和"行距"

（5）设置第 12~13 段：右对齐，段前间距 2 行、段后间距 2.5 行。

①定第 12~13 段，单击"开始"功能区→"段落"组中"文本右对齐"按钮"▤"。

②将光标定位在第 12 段"××市教育局"，单击"视图"功能区勾选标尺"☑ 标尺"显示标尺，利用标尺"右缩进"滑块对之做细节调整，如图 5-18 所示。

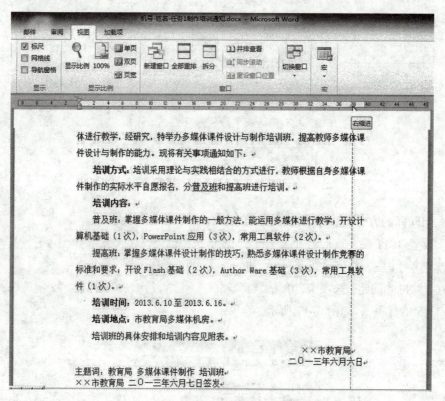

图 5-18　利用标尺"右缩进"

③选定第 12 段"××市教育局"，设置段前间距 2 行，选定第 13 段"二〇一三年六月六日"，设置段后间距 2.5 行。

（6）选定最后三段，设置"行距"为"1.5 倍行距"，最后一段对齐方式为"右对齐"。

※　提示：

设置相同的字符格式或段落格式，可以使用"格式刷 🖌"功能。

8.设置边框与底纹

（1）选定第 2 段，单击"开始"功能区"段落"组中的"▦ ▾""下框线"按钮的"小倒三角"，在打开的下拉菜单中单击"边框与底纹"命令，打开如图 5-19 所示的"边框与底纹"对话框。

图 5-19 "边框与底纹"对话框

（2）在"边框"选项卡的"样式"列表中选择第 9 种样式，"颜色"下拉列表中选择"标准色"→"红色"，"宽度"下拉列表中选择"3.0 磅"，在对话框右侧的"预览"区域单击左侧、右侧和上方的线条按钮取消上、左、右边线，"应用于""段落"。

（3）单击"确定"按钮，设置边框后的文档效果，如图 5-20 所示。

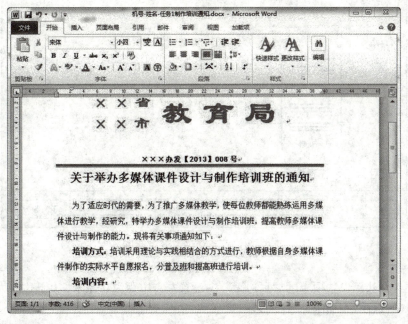

图 5-20 设置边框效果图

（4）用与上面同样的方法，给文档的倒数第2段"××市教育局 二〇一三年六月七日签发"设置为："线型"列表中的第1种线型、红色、1.5榜，上、下线边框。

9.页面设置

设置"机号–姓名–任务1制作培训通知"的页边距为：左右边距为3厘米、上下边距为2.5厘米、纵向、纸张类型为A4。

（1）单击"页面布局"功能区"页面设置"组的"页面设置"按钮，打开"页面设置"对话框，如图5-21所示。

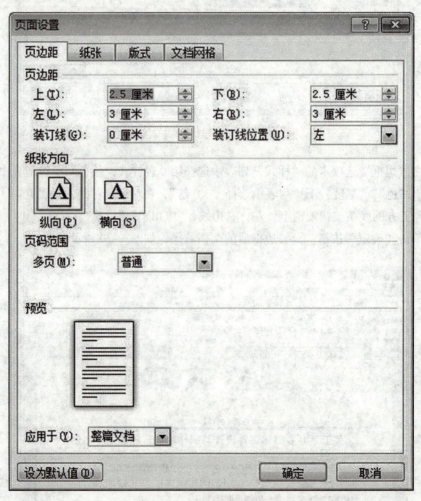

图5-21 "页面设置"对话框

（2）在"页边距"选项卡的"页边距"中设置左右边距为3厘米，上下边距为2.5厘米，"方向"选择"纵向"。如图5-21所示。

（3）单击"纸张"选项卡，设置纸张类型为A4，如图5-22所示，单击"确定"按钮。

图 5-22　"纸张"设置

10.打印文档

（1）打印预览

执行"文件"→"打印"命令，在打开的"打印"窗口面板右侧就是打印预览内容，如图 5-23 所示。

图 5-23　"打印"窗口

（2）打印文档

通过"打印预览"查看满意后，单击"打印"窗口面板上的"打印"按钮即可。

【任务小结】

本次任务主要介绍了 Word 2010 的基本概念和使用 Word 编辑文档、排版、页面设置等，目的使学生通过这一任务的学习能够独立完成常规文档的创建和编辑。

【拓展任务】

1. 录入如下文字。

财经类公共基础课程模块化

按照《高等学校文科类专业大学计算机教学基本要求（2013 年版）》要求，财经类公共基础部分的内容包括：计算机基础知识（软、硬件平台）、微机操作系统及其使用、多媒体知识与应用基础、办公软件应用、计算机网络基础、Internet 基本应用、电子政务基础、电子商务基础、数据库系统基础和程序设计基础等。

公共基础课程的组成由模块组装构筑。如果课时有限，并且考虑到有些学生已经具备了其中的部分知识，《基本要求》给出了公共基础课程的三种组合方式供选择。

2. 按要求完成排版，并保存。

（1）将标题段"财经类公共基础课程模块化"文字设置为三号红色（红色 255、绿色 0、蓝色 0）黑体居中，并添加蓝色（红色 0、绿色 0、蓝色 255）双波浪下画线。

（2）将正文各段落"按照《高等学校文……》三种组合方式供选择。"文字设置为小四仿宋，行距设置为 18 磅，段落首行缩进 2 字符。

（3）保存文档至"我的作业"文件夹，并命名为"机号 – 姓名 – 任务 1 拓展"。

【知识巩固】

阅读配套教材的第 5 章第 1 ~ 3 节的内容，做配套教材第 5 章相关习题。

任务 2　制作培训安排表

【任务描述】

打开"机号 – 姓名 – 任务 1 制作培训通知 .docx"，另存为"机号 – 姓名 – 任务 2 制作培训安排表 .docx"。在文档中新增 2 页，使文档形成 3 页，并在第 2 页中制作课程、考试安排表及报名流程图，在第 3 页中制作"多媒体课件设计培训班报名表"，效果如图 5-24 所示。

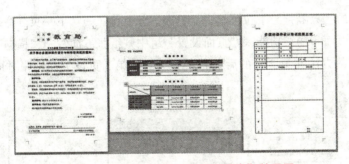

图 5-24　任务 2 "制作培训安排表"效果图

1. 插入分隔符
2. 创建表格
3. 格式化和编辑表格

打开"机号－姓名－任务 1 制作培训通知 .docx",另存为"机号－姓名－任务 2 制作培训安排表 .docx"。

1. 插入分页符

（1）将插入点移到第 1 页的最后,单击"页面布局"功能区"页面设置"组中的"分隔符"按钮"　　分隔符▼",如图 5-25 所示。

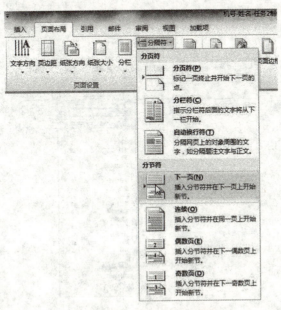

图 5-25　"分节符"设置

（2）在打开的"分隔符"下拉菜单中，单击"分节符"→"下一页"命令。

（3）单击"页面布局"功能区"页面设置"组中"纸张方向"→"横向"。

（4）用同样的方法在第2页的后面新增一页，将第3页设置"纸张方向"→"纵向"，如图5-26所示。

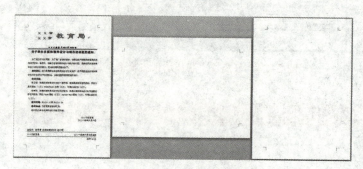

图5-26　"分页"效果

2.录入文字

在第2页中录入文字内容并做一定的格式编辑（宋体、小四），注意："课程安排表"和"考试安排表"（格式设置为"加粗"）中间有一不带格式的空行。

※　提示：

Word 2010默认的字体是"宋体"，默认的字号是"五号"，如果内容是"不带格式"指的就是使用默认的设置。如何在有格式的情况下要恢复默认的状态，最快的方法是：单击"开始"功能区"样式"组"样式"展开按钮→"全部清除"命令，如图5-27所示。

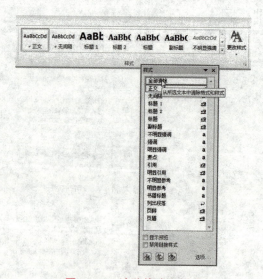

图5-27　清除格式和样式

3. 创建和编辑"课程安排表"

（1）利用"插入"功能区"表格"组中下拉菜单中的"插入表格"功能创建"课程安排表"。

①将光标移至"课程安排表"文字的下一行。

②单击"插入"功能区"表格"组中的"表格"按钮，出现如图 5-28 所示的"插入表格"菜单。

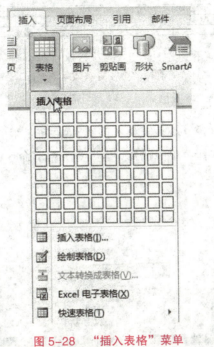

图 5-28　"插入表格"菜单

③在打开的"插入表格"下拉菜单中单击"插入表格"命令，打开如图 5-29 所示的"插入表格"对话框。

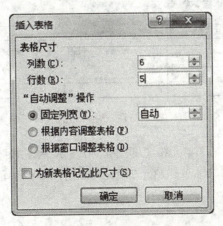

图 5-29　"插入表格"对话框

④在"列数"框中输入6,"行数"框中输入5。"自动调整"操作中默认为单选项"固定列宽",如图 5-29 所示。

⑤单击"确定"按钮,得到 5 行 6 列的表格,如图 5-30 所示。

附件一:课程、考试安排表

课程安排表					
A1	B1	C1	D1	E1	F1
A2	B2				
A3					
A4					
A5					

考试安排表

图 5-30　菜单插入表格

（2）合并单元格。

①选定第 1 行的第 1 和第 2 个单元格（即图 5-30 所示中的 A1 和 B1 单元格），在选定区域右击鼠标，在打开的快捷菜单中选择"合并单元格"命令，如图 5-31 所示，使之成为一个单元格。

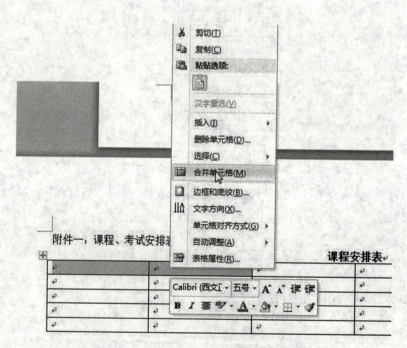

图 5-31　合并单元格

②选定第 1 列的第 2 和第 3 单元格（即图 5-30 所示中的 A2 和 A3 单元格），合并。

③选定第 1 列的第 4 和第 5 单元格（即图 5-30 所示中的 A4 和 A5 单元格），合并，如图 5-32 所示。

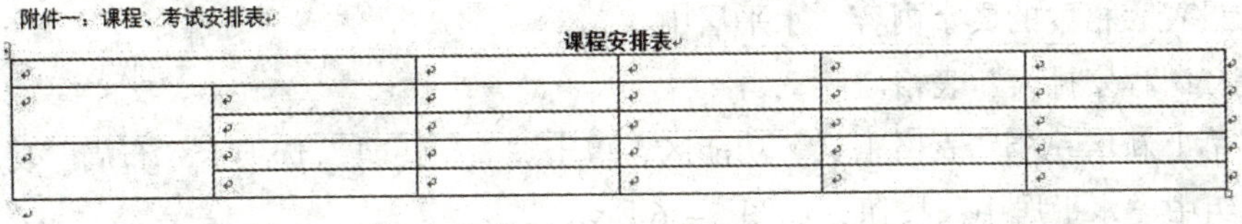

附件一：课程、考试安排表

课程安排表					

图 5-32　合并结果

（3）在表格中录入"课程安排表"文字内容，如图 5-33 所示。

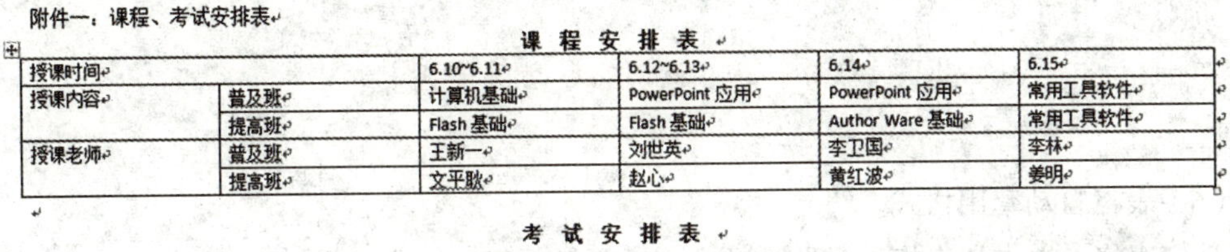

附件一：课程、考试安排表

课程安排表

授课时间		6.10~6.11	6.12~6.13	6.14	6.15
授课内容	普及班	计算机基础	PowerPoint 应用	PowerPoint 应用	常用工具软件
	提高班	Flash 基础	Flash 基础	Author Ware 基础	常用工具软件
授课老师	普及班	王新一	刘世英	李卫国	李林
	提高班	文平敏	赵心	黄红波	姜明

考试安排表

图 5-33　"课程安排表"文字内容

（4）调整表格的大小并设置表格居中。

①将鼠标指针移到表格的垂直框线上，当鼠标指针变成调整列宽指针"﹢|﹢"形状时，双击鼠标，可自动调整表格的列宽，如图 5-34 所示。

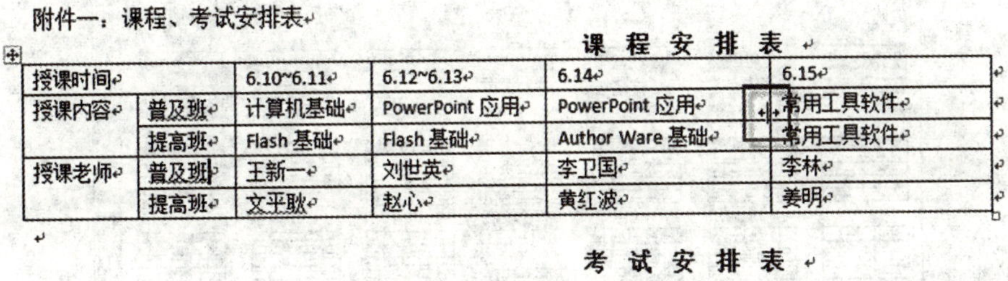

附件一：课程、考试安排表

课程安排表

授课时间		6.10~6.11	6.12~6.13	6.14	6.15
授课内容	普及班	计算机基础	PowerPoint 应用	PowerPoint 应用	常用工具软件
	提高班	Flash 基础	Flash 基础	Author Ware 基础	常用工具软件
授课老师	普及班	王新一	刘世英	李卫国	李林
	提高班	文平敏	赵心	黄红波	姜明

考试安排表

图 5-34　自动调整列宽

②将鼠标移到表格左上角的移动控制点"⊞"按钮上单击，可迅速选定整个表格，单击"开始"功能区"段落"组中的"居中"按钮，使表格居中。

③将光标移到表格右下角处的表格大小控制点"⌐"上，如图 5-35 所示，拉动鼠标，使表格有合适在大小。

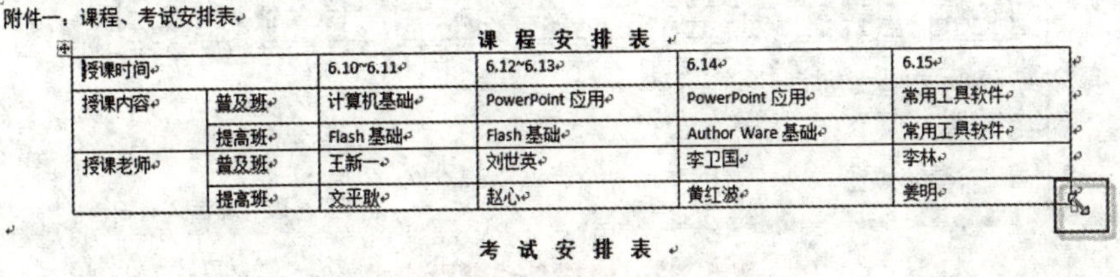

附件一：课程、考试安排表

课程安排表

授课时间		6.10~6.11	6.12~6.13	6.14	6.15
授课内容	普及班	计算机基础	PowerPoint 应用	PowerPoint 应用	常用工具软件
	提高班	Flash 基础	Flash 基础	Author Ware 基础	常用工具软件
授课老师	普及班	王新一	刘世英	李卫国	李林
	提高班	文平敏	赵心	黄红波	姜明

考试安排表

图 5-35　改变表格大小

（5）设置表格内的文字内容"水平居中"。

①定"课程安排表"表格。

②屏幕上新增一个"表格工具"功能区，单击"表格工具"选项卡"布局"功能区"对齐方式"组中"水平居中"按钮，如图 5-36 所示。

图 5-36　表格内容"水平居中"

（6）表格自动套用格式。

选定表格，单击"表格工具"选项卡"设计"功能区"表格样式"组中内置表格样式中的"中度深浅底纹 2- 强调文字颜色 2"，如图 5-37 所示。

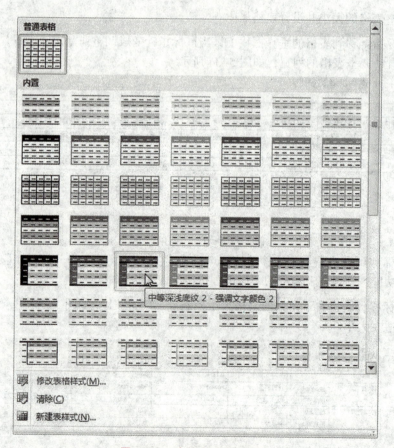

图 5-37　表格自动套用格式

（7）选定表格，再次居中。"课程安排表"效果如图 5-38 所示。

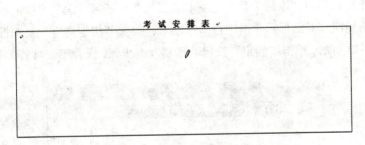

图 5-38 "课程安排表"效果

4. 创建和编辑"考试安排表"

（1）利用"插入"功能区"表格"组中下拉菜单中的"绘制表格"功能来手动绘制"考试安排表"框线。

①单击"插入"功能区"表格"组中的"表格"按钮，在打开的"插入表格"下拉菜单中单击"绘制表格"命令，此时鼠标指针变成笔状，表明鼠标处在"手动制表"状态。

②将铅笔形状的鼠标指针移到"考试安排表"文字的下方，按住鼠标左键拖动鼠标，绘制出表格的外框虚线，放开鼠标左键后，在"考试安排表"文字的下方得到一个实线的表格外框，如图 5-39 所示。

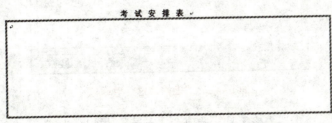

图 5-39 手动制表外框线 1

③分别单击"表格工具"选项卡"设计"功能区"绘制边框"组中"笔样式"（下拉菜单中的第 20 种样式）、"笔画粗细"（3.0 磅）、"笔颜色"（标准色→红色）。

④再次手动制表，重新得到一个如图 5-40 所示的"线型"、"粗细"、"颜色"不一样的表格外框。

考 试 安 排 表

图 5-40 手动制表外框线 2

⑤单击"表格工具"选项卡"设计"功能区"绘制边框"组中"笔样式"下拉菜单中的第 7 种样式（双线），在表格外框内画线 2 条。

⑥单击"表格工具"选项卡"设计"功能区"绘制边框"组中"笔样式"下拉菜单中的第 6 种样式（双点虚线），在表格框内画线 5 条。如图 5-41 所示。

图 5-41　手动制表内框线

（2）设置行高和列宽。

设置"考试安排表"第 1 行的行高为 2 厘米，其余行的行高为 1 厘米，第 1 列的列宽为 5 厘米，其余列的列宽为 4 厘米。

①选定第 1 行，单击"表格工具"选项卡"布局"功能区"表"组中的"属性"菜单命令，打开"表格属性"对话框。单击"行"选项卡，勾选"指定高度"复选框并设定高度为 2 厘米，如图 5-42 所示，单击"确定"按钮。重复以上步骤，设置第 2~4 行的行高为 1 厘米。

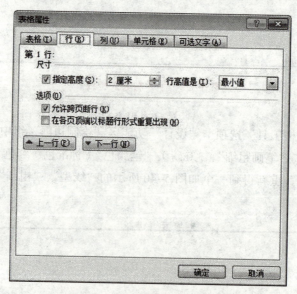

图 5-42　"表格属性"对话框

②选定第 1 列，单击"表格工具"选项卡"布局"功能区"表"组中的"属性"菜单命

令，打开"表格属性"对话框，单击"列"选项卡，勾选"指定列宽"复选框并设定列宽为 5 厘米，单击"确定"按钮。重复以上步骤设置第 2~5 列的列宽为 4 厘米。

（3）在表格中录入"考试安排表"文字内容，如图 5-43 所示。

考试安排表				
	6 月 16 日 08:30～09:30	6 月 16 日 09:40～11:40	6 月 16 日 14:00～15:00	6 月 16 日 15:10～17:40
一考场（01~40）	计算机基础	PowerPoint 应用	常用工具软件	综合项目任务
二考场（41~80）	计算机基础	PowerPoint 应用	常用工具软件	综合项目任务
三考场（81~120）	Flash 基础	Author Ware 基础	常用工具软件	综合项目任务

图 5-43 "考试安排表"文字内容

（4）设置表格内的文字内容"水平居中""靠上居中对齐""中部两端对齐"。

①选定"考试安排表"第 1 行，单击"表格工具"选项卡"布局"功能区"对齐方式"组中"靠上居中对齐"按钮。

②选定"考试安排表"第 1 列，单击"表格工具"选项卡"布局"功能区"对齐方式"组中"中部两端对齐"按钮。

③选定剩余单元格，单击"表格工具"选项卡"布局"功能区"对齐方式"组中"水平居中"按钮。

（5）绘制 1.5 磅、红色斜线表头。

①将光标定位于"考试安排表"的第 1 个单元格。

②单击"表格工具"选项卡"设计"功能区"绘图边框"组中"笔颜色"按钮，在下拉菜单中选择"标准色"→"红色"；单击"笔画粗细"按钮，在下拉菜单中选择"1.5 磅"；单击"绘制表格"按钮。在指定位置用笔画一条斜线。

③输入表头的文字内容，通过空格和回车控制到适当的位置，如图 5-44 所示。

考试安排表				
	6 月 16 日 08:30～09:30	6 月 16 日 09:40～11:40	6 月 16 日 14:00～15:00	6 月 16 日 15:10～17:40
一考场（01~40）	计算机基础	PowerPoint 应用	常用工具软件	综合项目任务
二考场（41~80）	计算机基础	PowerPoint 应用	常用工具软件	综合项目任务
三考场（81~120）	Flash 基础	Author Ware 基础	常用工具软件	综合项目任务

图 5-44 绘制斜线表头

（6）设置单元格底纹。

表格的第一行除斜线表头部分，其余添加橙色底纹，表格的第一列除斜线表头部分，其余添加绿色底纹。

①选定第1行的2~5列，单击"表格工具"选项卡"设计"功能区"表格样式"组中"底纹"按钮，在打开的"底纹"下拉菜单中选择"标准色"→"橙色"。

②选定第1列的2~4行，单击"表格工具"选项卡"设计"功能区"表格样式"组中"底纹"按钮，在打开的"底纹"下拉菜单中选择"标准色"→"绿色"。

（7）"考试安排表"效果如图5-45所示。

考 试 安 排 表

考场名称 ＼ 考试时间	6月16日 08:30~09:30	6月16日 09:40~11:40	6月16日 14:00~15:00	6月16日 15:10~17:40
一考场（01~40）	计算机基础	PowerPoint 应用	常用工具软件	综合项目任务
二考场（41~80）	计算机基础	PowerPoint 应用	常用工具软件	综合项目任务
三考场（81~120）	Flash基础	Author Ware 基础	常用工具软件	综合项目任务

图5-45 "考试安排表"效果

（8）第2页"课程、考试安排表"效果如图5-46所示。

附件一：课程、考试安排表

课 程 安 排 表

授课时间	6.10~6.11	6.12~6.13	6.14	6.15
授课内容 普及班 提高班	计算机基础 Flash 基础	PowerPoint 应用 Flash 基础	PowerPoint 应用 Author Ware 基础	常用工具软件 常用工具软件
授课老师 普及班 提高班	蒋新延 大平秋	王新一 赵心	单卫国 黄江波	李林 姜明

考 试 安 排 表

考场名称 ＼ 考试时间	6月16日 08:30~09:30	6月16日 09:40~11:40	6月16日 14:00~15:00	6月16日 15:10~17:40
一考场（01~40）	计算机基础	PowerPoint 应用	常用工具软件	综合项目任务
二考场（41~80）	计算机基础	PowerPoint 应用	常用工具软件	综合项目任务
三考场（81~120）	Flash 基础	Author Ware 基础	常用工具软件	综合项目任务

图5-46 "课程、考试安排表"效果

5.创建和编辑"多媒体课件设计培训班报名表"

利用前面所学表格知识，结合样图，在第3页中制作如图5-47所示的"多媒体课件设计培训班报名表"。

附件二：

多媒体课件设计培训班报名表

编号：

姓　　名		性　　别			贴照片处
出生年月		学　　历			
职　　务		职　　称			
联系电话		电子邮箱			
工作单位			邮编		
身份证号码					
报名类别	□普及班		□提高班		
个人工作简历单位意见					
			签名：日期：		

图 5-47　多媒体课件设计培训班报名表

※　提示：

Word 2010 段落对齐方式有左对齐、右对齐、居中、两端对齐、分散对齐，"多媒体课件设计培训班报名表"表格内的大部分文字采用了分散对齐的方式。

【任务小结】

本次任务主要介绍了表格的创建和文字的输入、表格的选定和修改、表格格式的自动套用等基本操作。

【拓展任务】

1.打开"机号－姓名－任务2拓展"。

2.按要求完成排版，并保存。

（1）将文中后8行文字转换为一个8行5列的表格。

（2）设置表格居中，表格第2列列宽为6厘米，其余列宽为2厘米，行高0.6厘米，表格中所有文字水平居中。

（3）设置表格所有框线为1磅红色（红色255、绿色0、蓝色0）单实线。

（4）计算"合计"行"讲课""上机"及"总学时"的合计值。

（5）保存文档至"我的作业"文件夹，并命名为"机号－姓名－任务2拓展"。

【知识巩固】

阅读配套教材第5章第4节的内容，做配套教材第5章后面的相关习题。

任务3　制作培训报名流程图

【任务描述】

打开"机号－姓名－任务2制作培训安排表.docx"，另存为"机号－姓名－任务3制作培训报名流程图.docx"，在文档第1页的落款处绘制"××市教育局"的培训专用章，在新增的一页制作"报名流程图"，效果如图5-48所示。

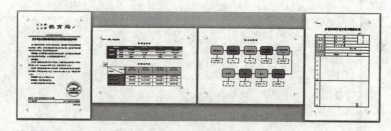

图 5-48　任务 3 "制作培训报名流程图"效果图

【相关知识】

1.图形的创建

2.使用文本框

3.插入艺术字

【任务实现】

1. 制作"报名流程图"

（1）插入分页

将插入点移到第 2 页"课程、考试安排表"的最后，单击"插入"功能区"页"组中的"分页"按钮，文档新增一页，如图 5-49 所示。

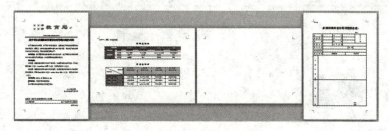

图 5-49　新增页效果

（2）在新增的第 3 页录入"报名流程图"（宋体、小四、加粗、居中）文字，并在下方绘制报名流程图。

（3）单击"插入"功能区"插图"组中的"形状"按钮，在打开的自选图形单元列表框中单击"新建绘图画布"命令，在报名流程图的下方新建一个绘图画布，如图 5-50 所示。

（4）

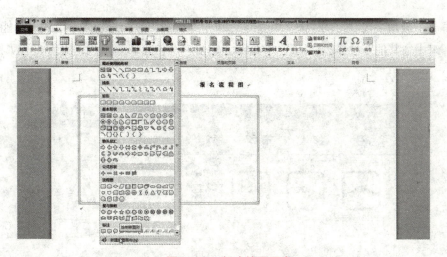

图 5-50　新建绘图画布

（4）绘制"圆角矩形"

①单击"插入"功能区"插图"组中的"形状"按钮，在打开的自选图形单元列表框中单击"圆角矩形"命令，在绘图画布里创建一个圆角矩形，如图 5-51 所示。

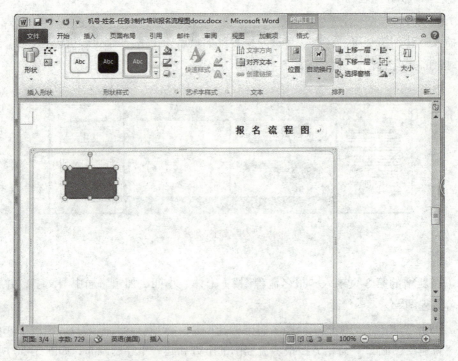

图 5-51　画圆角矩形

②屏幕上新增一个"绘图工具"功能区，单击"绘图工具"选项卡"格式"功能区"形状样式"组中"其他"按钮，如图 5-52 所示，单击"彩色轮廓 – 黑色，深色 1"，如图 5-53 所示。

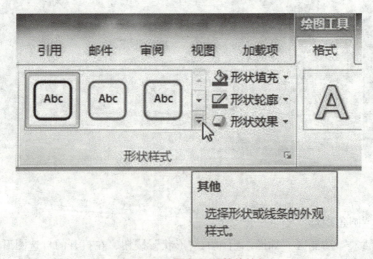

图 5-52　圆角矩形其他按钮

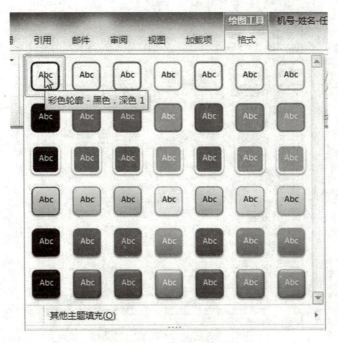

图 5-53　圆角矩形其他格式

③在"圆角矩形"上右击鼠标，弹出快捷菜单中单击"添加文字"命令，在"圆角矩形"内添加文字内容"领取报名表"（宋体、小四号），如图 5-54 所示。

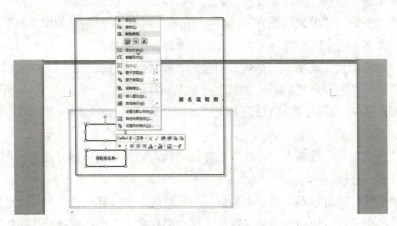

图 5-54　添加文字

④设置圆角矩形大小：选定圆角矩形，单击"绘图工具"选项卡"格式"功能区"大小"组中的展开按钮，打开如图 5-55 所示的"布局"对话框，将"大小"选项的"高度"绝对

值改为"2.4 厘米","宽度"绝对值改为"3.5 厘米"。

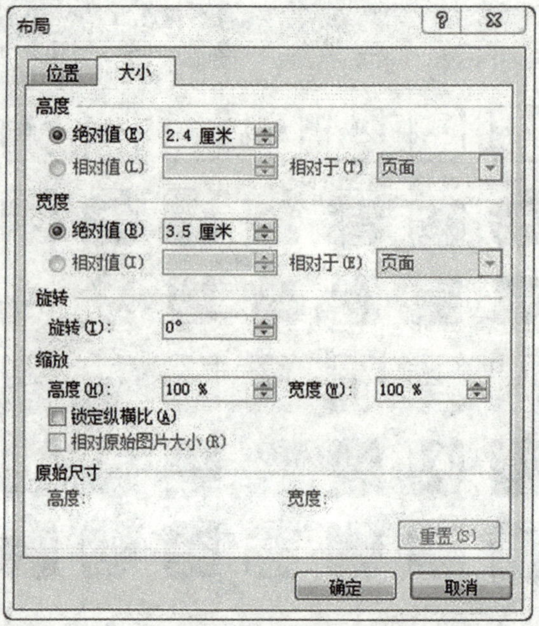

图 5-55   "布局"对话框

（5）绘制"文本框"

①单击"绘图工具"选项卡"格式"功能区"插入形状"组中的"文本框 文本框 ▾"按钮，选择"绘制文本框"命令，在圆角矩形的下方用鼠标拉一个横排文本框。

②在文本框中输入"单位联系人"（宋体、五号、居中）。单击"绘图工具"选项卡"格式"功能区"文本"组中的"对齐文本"按钮，选择"中部对齐"。

③单击"绘图工具"选项卡"格式"功能区"形状样式"组中的"形状轮廓"按钮，在下拉菜单中选择"粗细"→"1 磅""虚线"→"长画线"。

④文本框大小："高度"为"1.2 厘米"，"宽度"为"3 厘米"。

（6）绘制连接线

①单击"绘图工具"选项卡"格式"功能区"插入形状"组中展开按钮，在下拉菜单中选择"线条"→"直线"。

②拉动鼠标将"圆角矩形"和"文本框"用"直线"连接起来。

③单击"绘图工具"选项卡"格式"功能区"形状样式"组中的展开按钮，选择"中等线－深色1"。

※ 提示：

利用【Shift】键绘制标准图形：①按住【Shift】键，画出的直线和箭头与水平线的夹角就不是任意的，而是 150、300、450、600、750、900 等几种固定的角度。②按住【Shift】键，可以画出正圆、正方形、正五角星等图形。总之，按住【Shift】键之后绘出的图形都是标准图形，而且按住【Shift】键不放可以连续选中多个图形。

（7）组合

①将鼠标移到"绘图画布"内的左上角，拖动鼠标走过"圆角矩形""连接线""文本框"，可同时选择这三个对象。

②在三个对象上右击鼠标，弹出的快捷菜单上单击"组合"→"组合"命令，如图 5-56 所示。

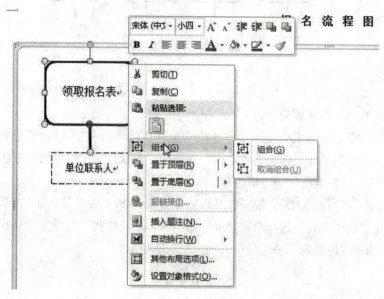

图 5-56　组合

（8）将组合的图形复制 8 份，如图 5-57 所示，然后根据"样图"修改其中的文字内容（如果不能修改文字内容，保存关闭后再打开即可修改）

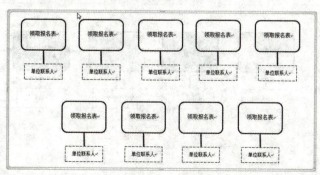

图 5-57　复制结果

（9）绘制箭头，与绘制连接直线类似（用了箭头和肘形箭头连接符），如图5-58所示

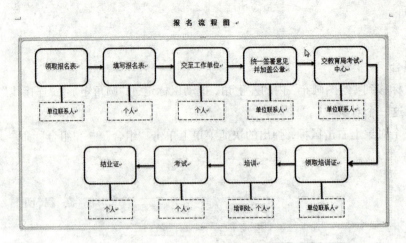

图5-58　箭头连接后的结果

（10）为"圆角矩形"填充颜色

①分别选定"领取报名表""交至工作单位""交教育局培训中心""培训""结业证"5个"圆角矩形"，单击"绘图工具"选项卡"格式"功能区"形状样式"组中的"形状填充"按钮，在下拉菜单中选择"标准色"→"橙色"。

②分别选定"填写报名表""统一签署意见并加盖公章""领取培训证""考试"4个"圆角矩形"，单击"绘图工具"选项卡"格式"功能区"形状样式"组中的"形状填充"按钮，在下拉菜单中选择"标准色"→"绿色"，如图5-59所示。

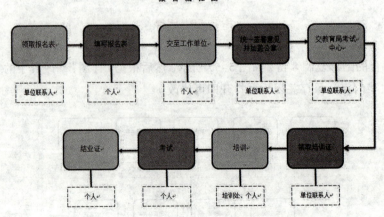

图5-59　报名流程图效果

2. 绘制培训专用章

（1）将光标定位于第一页"××市教育局"落款处

（2）绘制正圆

①单击"插入"功能区"插图"组中的"形状"按钮，在打开的自选图形单元列表框中单击"椭圆"命令，左手按键盘上的"Shift"键，右手拉动鼠标在落款处创建一个如图 5–60 所示的正圆。

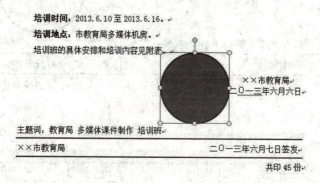

图 5–60 绘制正圆

②设置正圆：选择"形状样式"中的"彩色轮廓－黑色，深色 1"；"形状轮廓"→"标准色"→"红色"，"粗细"→"3 磅"，选择"大小"中的"高度"和"宽度"均设置为"4 厘米"，如图 5–61 所示。

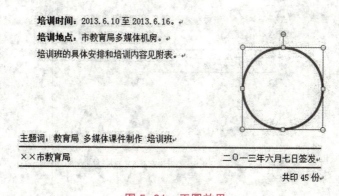

图 5–61 正圆效果

（3）绘制"五角星"

①单击"插入"功能区"插图"组中的"形状"按钮，在打开的自选图形单元列表框中单击"五角星""☆"，左手按键盘上的"Shift"键，右手拉动鼠标在落款处创建一个五角星。

②设置五角星：选择"形状样式"中的"形状轮廓"→"标准色"→"红色"，"形状填充"→"标准色"→"红色"，选择"大小"中的"高度"和"宽度"，均设置为"0.8 厘米"，

如图 5-62 所示。

> 培训时间：2013.6.10 至 2013.6.16。
> 培训地点：市教育局多媒体机房。
> 培训班的具体安排和培训内容见附表。

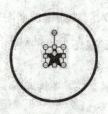

> 主题词：教育局 多媒体课件制作 培训班
>
> ××市教育局　　　　　　　　二〇一三年六月七日签发
>
> 　　　　　　　　　　　　　　共印 45 份

图 5-62　五角星效果

（4）插入艺术字

①单击"插入"功能区"文本"组中的"艺术字"按钮，选择"填充 – 茶色，文本 2，轮廓 –背景 2"，如图 5-63 所示。在文档落款处出现"艺术字"样式，如图 5-64 所示。

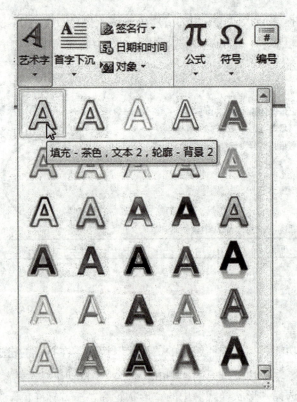

图 5-63　插入艺术字

图 5-64　艺术字样式

②将艺术字框内的已经有的文字删除，重新输入"培训专用章"，设置"培训专用章"文字为：宋体、四号；单击"绘图工具"选项卡"格式"功能区"艺术字样式"中的"文本填充"→"标准色"→"红色"和"文本轮廓"→"标准色"→"红色"。移动艺术字放至合适的位置，如图 5-65 所示。

图 5-65　插入艺术字

③将圆、五角星、艺术字（培训专用章）三个对象选定（按【Shift】键配合）后组合。

④在组合对象上右击鼠标，弹出的快捷菜单上单击"置于底层"→"衬于文字下方"命令，如图 5-66 所示。

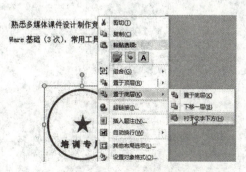

图 5-66　设置叠放次序

⑤插入艺术字"××市教育局",第1、2步与插入"培训专用章"一样,设置"××市教育局"文字为:宋体、一号;"文本填充"和"文本轮廓"选择为红色;单击"绘图工具"选项卡"格式"功能区"艺术字样式"中的"🅰文本效果▾"→"转换"→"跟随路径"→"上弯弧"。移动修改好的艺术字至合适位置,如图5-67所示。

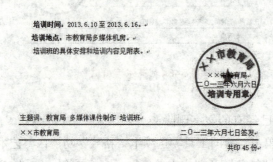

图5-67 培训专用章效果

【任务小结】

本次任务主要介绍了利用绘制图形工具创建各种图形,利用文本框编排流程图。

【拓展任务】

1.完成如图5-68所示的组织结构图。

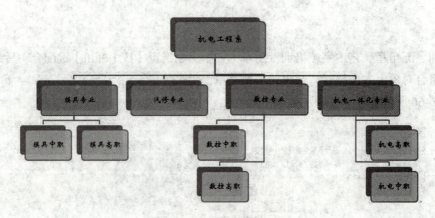

图5-68 组织结构图

2.保存文档至"我的作业"文件夹,并命名为"机号-姓名-任务3拓展"。

【知识巩固】

阅读配套教材的第 5 章第 5 节的内容，做配套教材第 5 章相关习题。

任务 4　群发培训通知

【任务描述】

已经收集了 18 个学员的报名信息，现在要给 18 个学员发送培训通知单。首先新建一个 Word 文档"机号 – 姓名 – 培训通知单 .docx"，录入文字内容，并对文档内容进行字符格式、段落格式等排版操作，然后利用手动绘表功能和使用文本框制作培训证，如图 5-69 所示。最后利用"邮件合并"功能群发培训通知单。

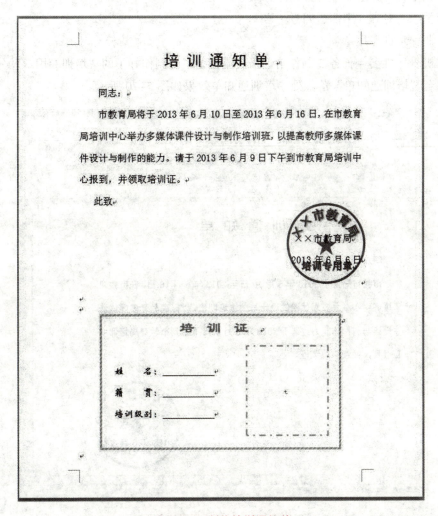

图 5-69　制作培训通知单

【相关知识】

1. 使用文本框
2. 插入艺术字
3. 插入图片
4. 邮件合并

【任务实现】

1. 制作培训通知单

（1）在新建文档中录入"机号－姓名－培训通知单"的文字内容并进行简单排版

①标题：黑体、二号、居中，字符间距设置为加宽5磅；段前段后间距1行。

②正文：首行缩进2字符，宋体、四号。

③落款：右对齐，宋体、四号。

（2）制作培训专用章

将"机号－姓名－任务3制作培训报名流程图"中制作好了的"培训专用章"分2次复制并粘贴至"培训通知单"落款处。培训通知单效果如图5-70所示。

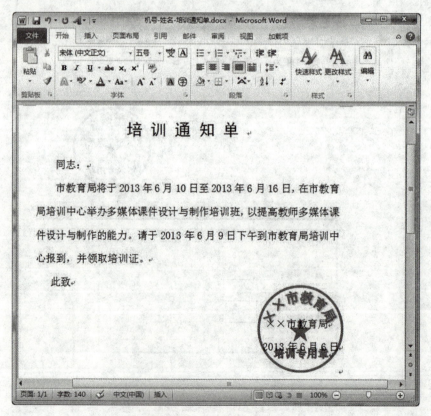

图5-70　制作培训通知单

2.制作培训证

（1）将光标置于培训通知单之后，单击"插入"功能区"表格"组中的"表格"按钮，在下拉菜单中选择"绘制表格"命令。绘制方法与"机号 – 姓名 – 任务 2 制作培训安排表"中"创建和编辑考试安排表"外边框设置类似，只边框颜色设置为："笔颜色"→"其他颜色"→"自定义颜色（红色 255、绿色 153、蓝色 0）"。

（2）在表格内输入"培训证"（隶书、二号、加粗、字符间距加宽 8 磅、自定义颜色（红色 255、绿色 102、蓝色 0）、居中）并回车，如图 5-71 所示。

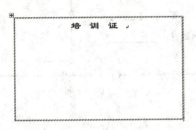

图 5-71　绘制表格制作培训证

（3）在表格内插入文本框

①单击"插入"功能区"文本"组中的"文本框"按钮，在下拉菜单中选择"绘制文本框"命令，在表格内左边插入一个"横排文本框"。

②在"文本框"内输入"姓名""籍贯""培训级别"并在后面加下画线，调整文本框大小和适合位置。

③单击"绘图工具"选项卡"格式"功能区"形状样式"组中"形状轮廓"按钮，在下拉列表中选择"无轮廓"命令，如图 5-72 所示。

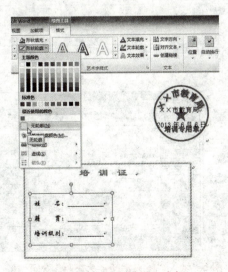

图 5-72　插入横排文本框

④用同样的方法在表格内右边插入一个"竖排文本框",设置竖排文本框:"形状轮廓"→"标准色(浅绿)","粗细"→"2.25磅","虚线"→"画线-点"。调整竖排文本框大小,设置"对齐文本"→"居中","段落"→"居中",如图5-73所示。

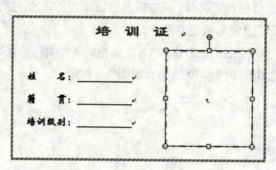

图5-73　插入竖排文本框

3. 邮件合并

（1）创建邮件合并主文档:"机号-姓名-培训通知单主文档.docx"。

（2）创建邮件合并数据源:

①开老师提供的素材"数据源.docx"文档,另存为"机号-姓名-培训通知单数据源.docx"。

②选定数据源的全部文字内容,单击"插入"功能区"表格"组中的"表格"按钮,在下拉菜单中选择"文本转换为表格"命令,弹出如图5-74所示的"将文本转换为表格"对话框,单击"确定"按钮,形成一个"4列19行"的表格。

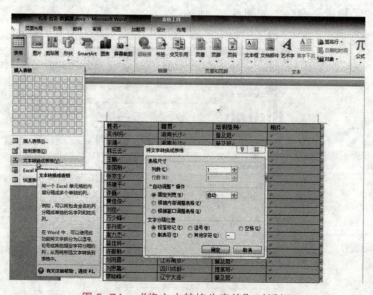

图5-74　"将文本转换为表格"对话框

③在表格中插入图片：将光标定位于相片所在单元格，单击"插入"功能区"插图"组中的"图片"按钮，打开"插入图片"对话框，如图 5-75 所示。在"插入图片"对话框左侧列表框中选择"本地磁盘 E："并单击，在右侧列表框中双击"我的作业"文件夹→"邮件合并图片素材"打开图片，将 18 张图片依次插入至每个人的相片的表格中。

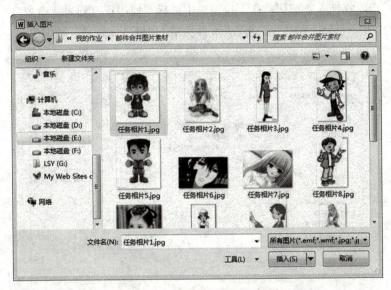

图 5-75　"插入图片"对话框

④标题行重复：数据源文档插入图片后形成了 3 页，我希望在第 2 页和第 3 页的续表中也能看到标题行，就这样操作：选定第 1 页表格中的第 1 行，单击"表格工具"选项卡"布局"功能区"数据"组中的"重复标题行"按钮，即可在因为分页而拆开的续表中重复表格的标题行，如图 5-76 所示。

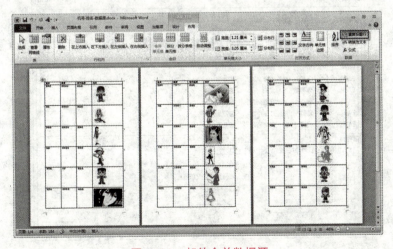

图 5-76　邮件合并数据源

（3）邮件合并

①打开创建好的邮件合并主文档："机号 – 姓名 – 培训通知单主文档 .docx"。

②单击"邮件"功能区"开始邮件合并"组中的"开始邮件合并"按钮，在下拉菜单中选择"信函"。

③单击"选取收件人"按钮，在下拉菜单中选择"使用现有列表"命令，弹出如图 5-77 所示"选取收件人"对话框，在"我的作业"文件夹单击"机号 – 姓名 – 数据源 .docx"→"打开"。

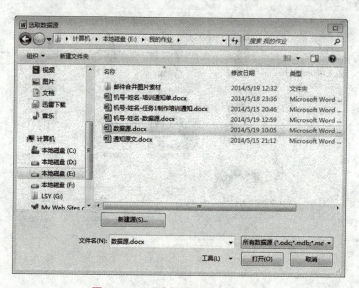

图 5-77　"选取收件人"对话框

④单击"编辑收件人列表"按钮，弹出如图 5-78 所示的"邮件合并收件人"对话框。

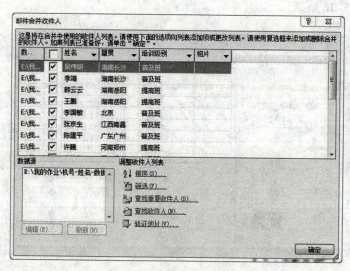

图 5-78　"邮件合并收件人"对话框

⑤将光标定位于"培训通知单主文档"的"同志"前面，单击"插入合并域"按钮，在下拉菜单中单击"姓名"插入姓名项，依次插入"姓名""籍贯""培训级别"和"相片"项，所示。插入后的结果如图 5-79 所示。

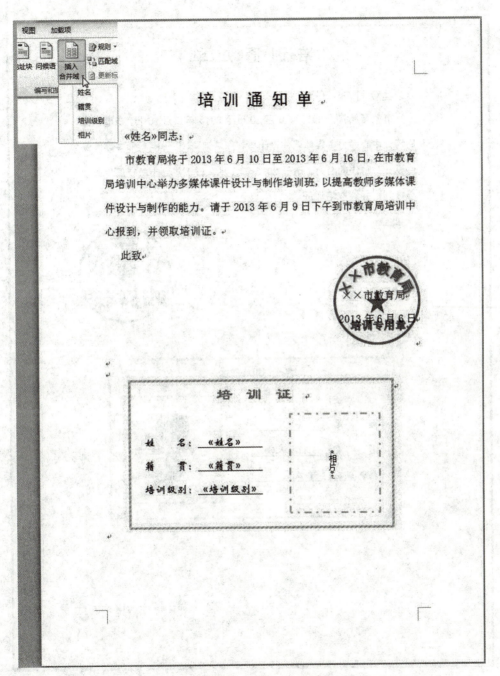

图 5-79　插入合并域后的效果

⑥单击"预览结果"按钮进行预览，如图5-80所示。

培 训 通 知 单

吴XX同志：

市教育局将于2013年6月10日至2013年6月16日，在市教育局培训中心举办多媒体课件设计与制作培训班，以提高教师多媒体课件设计与制作的能力。请于2013年6月9日下午到市教育局培训中心报到，并领取培训证。

此致

图5-80 邮件合并预览结果

⑦完成邮件合并：单击"完成并合并"按钮，在下拉菜单中选择"编辑单个文档"命令，在弹出的"合并到新文档"对话框中，设置合并的范围"全部"，如图 5-81 所示。邮件合并最后完成结果如图 5-82 所示。

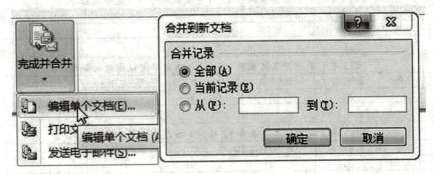

图 5-81 "合并到新文档"对话框

图 5-82 邮件合并结果

【任务小结】

本次任务主要介绍 Word 2010 的邮件合并方法是：先建立两个文档，一个 Word 包括所有文件共有内容的主文档和一个包括变化信息的数据源，然后使用邮件合并功能在主文档中插入变化的信息，合成后的文件可以保存为 Word 文档，可以打印出来，也可以用邮件形式发出去。

【拓展任务】

1.完成"成绩通知单"邮件合并

（1）打开"拓展任务主文档 .docx"。

（2）插入"拓展任务数据源 .xlsx"。

（3）邮件合并结果如图 5-83 所示。

2013 年下学期信息技术系 12 计应 1 班期终考试成绩通知单					
学号	高等数学	计算机组装与维护	大学英语	思想与政治	C#程序设计
1201001	88	79	98	89	95

2013 年下学期信息技术系 12 计应 1 班期终考试成绩通知单					
学号	高等数学	计算机组装与维护	大学英语	思想与政治	C#程序设计
1201002	90	76	95	83	93

2013 年下学期信息技术系 12 计应 1 班期终考试成绩通知单					
学号	高等数学	计算机组装与维护	大学英语	思想与政治	C#程序设计
1201003	92	89	96	86	92

2013 年下学期信息技术系 12 计应 1 班期终考试成绩通知单					
学号	高等数学	计算机组装与维护	大学英语	思想与政治	C#程序设计
1201004	95	85	93	85	94

2013 年下学期信息技术系 12 计应 1 班期终考试成绩通知单					
学号	高等数学	计算机组装与维护	大学英语	思想与政治	C#程序设计
1201005	96	84	94	84	96

2013 年下学期信息技术系 12 计应 1 班期终考试成绩通知单					
学号	高等数学	计算机组装与维护	大学英语	思想与政治	C#程序设计
1201006	87	82	85	87	91

图 5-83　拓展任务邮件合并结果

2.保存文档至"我的作业"文件夹，并命名为"机号－姓名－任务 4 拓展"

【知识巩固】

阅读配套教材的第 5 章第 5 节的内容，做配套教材第 5 章相关习题。

任务 5　制作培训简报

【任务描述】

群发培训通知单后，为了让学员了解这次培训的重要性及市里的重视，特别制作一份培训简报展示。首先新建一个 Word 文档，录入培训简报文字内容，然后插入相关图片、艺术字、首字下沉等，最后进行分栏，图文混排效果如图 5-84 所示。

××市教育局培训中心　　2013 年 06 月 06 日 星期一 第 0001 期

为促进我市教学工作的信息化建设，进一步推动多媒体技术在我市教学中的广泛应用，提高我市教师多媒体课件制作水平，市教育局培训中心于 2013 年 6 月举办了多媒体课件制作培训班。

培训班分为普及班和提高班二个层次，主讲教师由文平耿和黄红波二位老师担任，讲课内容涵盖了制作多媒体课件的相关软件、专用软件的使用方法、在设计制作课件时  应考虑问题、多媒体教学的背景、多媒体教学的理念、多媒体教学的应用形式等方面的内容，同时辅以生动直观的多媒体教案给教师们做演示，每一节课上还让教师们在计算机上进行课堂练习。参加培训的学员们根据自己的实际情况制定了个人的培训目标，课堂上授课老师配合案例，讲解生动，各位培训学员学习态度认真，课堂效果明显。

培训结束后参加培训的学员普遍反映学到了很多课件制作中非常有用的功能和技巧，解决了很多技术难题，并表示将把所学运用到自己教学课件的制作中去。本次培训收到了很好的效果。

多媒体课件制作样式可以多种多样、丰富多彩，但应防止出现以下情况：

1. 呆板单调、索然无味：一个形式呆板的多媒体课件与黑板加粉笔的教学方式是没有什么区别的。
2. 华而不实、花里胡哨：多媒体课件需要借助一定的艺术形式，但不能单纯地为艺术而艺术。
3. 生研拼接、胡拼乱凑：课件的制作讲求取材合适，用材得当。
4. 目的不明、浮于形式：只学会基本技能，不能灵活运用。

图 5-84　培训简报

【相关知识】

1. 设置文本框

2. 插入艺术字

3. 插入图片

4. 设置项目符号和编号

5. 设置分栏

【任务实现】

1. 录入培训简报文字内容

××市教育局培训中心 2013 年 06 月 06 日星期一第 0001 期

为促进我市教学工作的信息化建设，进一步推动多媒体技术在我市教学中的广泛应用，提高我市教师多媒体课件制作水平，市教育局培训中心于 2013 年 6 月举办了多媒体课件制作培训班。

培训班分为普及班和提高班两个层次，主讲教师由文××和黄××二位老师担任，讲课内容涵盖了制作多媒体课件的相关软件、专用软件的使用方法、在设计制作课件时应考虑问题、多媒体教学的背景、多媒体教学的理念、多媒体教学的应用形式等方面的内容，同时辅以生动直观的多媒体教案给教师们做演示，每一节课上还让教师们在计算机上进行课堂练习。参加培训的学员们根据自己的实际情况制定了个人的培训目标。课堂上授课老师配合案例，讲解生动，各位培训学员学习态度认真，课堂效果明显。

培训结束后参加培训的学员普遍反映学到了很多课件制作中非常有用的功能和技巧，解决了很多技术难题，并表示将把所学运用到自己教学课件的制作中去。本次培训收到了很好的效果。

多媒体课件制作样式可以多种多样、丰富多彩，但应防止出现以下情况：

呆板单调、索然无味：一个形式呆板的多媒体课件与黑板加粉笔的教学方式是没有什么区别的。

华而不实、花里胡哨：多媒体课件需要借助一定的艺术形式，但不能单纯地为艺术而艺术。

生研拼接、胡拼乱凑：课件的制作讲求取材合适，用材得当。

目的不明、浮于形式：只学会基本技能，不能灵活运用。

2. 设置字符和段落格式

（1）设置字符：宋体、小四号。

（2）设置段落：首行缩进 2 字符，1.5 倍行距。

3.设置文本框

（1）将光标定位于文档第 1 段最前面，回车几次。

（2）选定文档第 1 段"××市教育局培训中心 2013 年 06 月 06 日星期一第 0001 期"单击"插入"功能区"文本"组"文本框"按钮，在下拉菜单中选择"绘制文本框 "命令。

（3）将文本框移至回车空出的前面，选定"××市教育局培训中心"并设置为黑体、四号、加粗，选定"2011 年 06 月 06 日星期一第 0001 期"并设置为仿宋、五号。

（4）设置"文本框"的"形状填充"为"标准色""浅蓝"，"形状轮廓"为"无轮廓"，如图 5-85 所示。

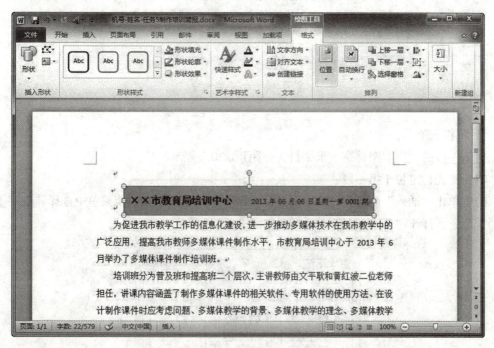

图 5-85 设置"文本框"

4.插入艺术字

（1）将光标定位于"文本框"的前面，单击"插入"功能区"文本"组"艺术字"按钮，在下拉菜单中选择"渐变填充 – 橙色，强调文字颜色 6，内部阴影"，输入"培训简报"，回车，将放置"艺术字"的位置空出来。

（2）设置"培训简报"的"字体"为"华文行楷"、加粗。在"绘图工具"选项卡"格式"功能组区"形状样式""艺术字样式""排列"组中，设置自己喜欢的艺术字样式，如图 5-86 所示。

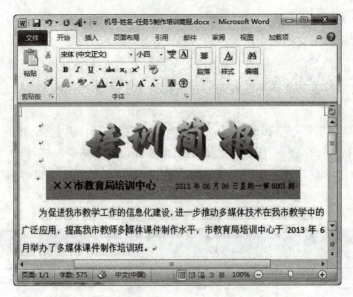

图 5-86 设置艺术字

5. 首字下沉

将第 1 段的"为"字首字下沉 2 行，并距正文 0.2 厘米。

（1）将光标定位于第一段。

（2）单击"插入"功能区"文本"组"首字下沉"按钮，在下拉菜单中选择"首字下沉选项"命令，打开"首字下沉"对话框，如图 5-87 所示。

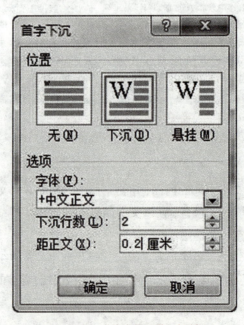

图 5-87   "首字下沉"对话框

（3）在"位置"内选择"下沉"格式，"选项"组中选择"字体"为"华文行楷"，"下沉行数"为"2"行，"距正文"为"0.2厘米"，单击"确定"按钮。如图5-87所示。

6.插入图片

（1）将光标定位于文档第2段，单击"插入"→功能区"插图"组中的"图片"按钮，打开"插入图片"对话框，如图5-88所示。

图 5-88　"插入图片"对话框

（2）在"插入图片"对话框中找到图片所在位置，选定"学院多媒体课件培训.gif"，单击"插入"按钮。

（3）选中图片，右击鼠标，在弹出的快捷菜单中单击"大小和位置"，如图5-89所示，打开"布局"对话框，在"大小"选项卡中设置"高度"为"6厘米""宽度"为"9厘米"，取消"锁定纵横比"和"相对原始图片大小"前面的钩，单击"确定"按钮。

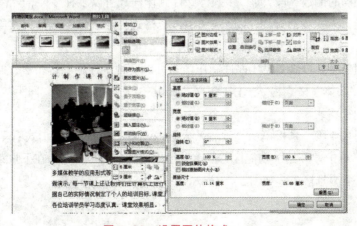

图 5-89　设置图片格式

（4）选定"图片"单击"图片工具"选项卡"格式"功能区"排列"组中的"位置"按钮，在下拉菜单中选择"中间居中，四周型文字环绕"命令，如图 5-90 所示。

图 5-90　设置图片环绕

7. 设置项目编号

（1）选定文档的倒数 5 段，即"多媒体课件制作样式可以多种多样、丰富多彩，但应……只学会基本技能，不能灵活运用"，设置"字体"格式为"宋体、五号"，"段落"格式"特殊格式"为"无"、"行距"为"单倍行距"。并在文档最后回车。

（2）选定倒数第 5 段"多媒体课件制作样式可以多种多样、丰富多彩，但应防止出现以下情况"，设置"字体"格式为"宋体、五号、加粗"，设置段落格式"间距"为"段前 1 行、段后 0.5 行"。

（3）选定倒数 4 段"呆板单调、索然无味：……目的不明、浮于形式：只学会基本技能，不能灵活运用"，单击"开始"功能区"段落"组中的"编号"按钮，在下拉菜单中选择"编号库"中的第 2 个编号格式，如图 5-91 所示。

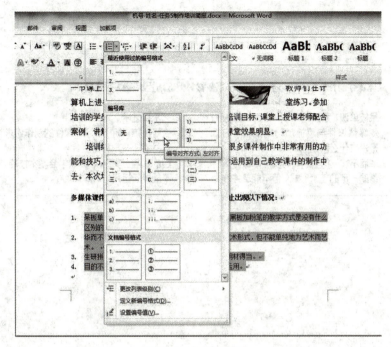

图 5-91 设置编号

8. 设置分栏

（1）选定"呆板单调、索然无味：……目的不明、浮于形式：只学会基本技能，不能灵活运用。"（强调：不要选定最后一行的回车符），单击"页面布局"功能区"页面设置"组中的"分栏"按钮，在下拉菜单中选择"更多分栏"打开"分栏"对话框，如图 5-92 所示。

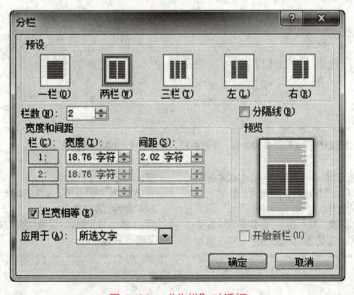

图 5-92 "分栏"对话框

（2）单击"预设"中的"两栏"，勾选"栏宽相等"，单击"确定"按钮。分栏后的效果如图 5-93 所示。

多媒体课件制作样式可以多种多样、丰富多彩，但应防止出现以下情况：

1. 呆板单调、索然无味：一个形式呆板的多媒体课件与黑板加粉笔的教学方式是没有什么区别的。

2. 华而不实、花里胡哨：多媒体课件需要借助一定的艺术形式，但不能单纯地为艺术而艺术。

3. 生研拼接、胡拼乱凑：课件的制作讲求取材合适，用材得当。

4. 目的不明、浮于形式：只学会基本技能，不能灵活运用。

图 5-93　设置"分栏"效果

※　提示：

给文章最后一段进行分栏时，如果这一段离下边距较远，可能会出现文字全部在最左边一栏的情况，想要避免这种情况，可以在选取对象时将最后的"段落标记"不选。

9.插入自选图形

将倒数 5 段，即"多媒体课件制作样式可以多种多样、丰富多彩，但应……只学会基本技能，不能灵活运用。"的内容放入一个蓝色、短画线的"矩形"线框内。

（1）单击"插入"功能区"插图"组中的"形状"按钮，在下拉菜单中选择"矩形"命令，在倒数 5 段，即"多媒体课件制作样式可以多种多样、丰富多彩，但应……只学会基本技能，不能灵活运用。"中，拉一个合适大小的"矩形"线框。此时"矩形"线框会将文字覆盖。

（2）设置矩形线框：

①单击"绘图工具"选项卡"形状样式"组中的"彩色轮廓 - 黑色，深色 1"。

②选定"矩形"线框，单击"形状轮廓"→"标准色"→"蓝色"，"虚线"→"短画线"。

③在"矩形"线框上右击鼠标，弹出快捷菜单，在快捷菜单上单击"置于底层"→"衬于文字下方"，效果如图 5-94 所示。

多媒体课件制作样式可以多种多样、丰富多彩，但应防止出现以下情况：

1. 呆板单调、索然无味：一个形式呆板的多媒体课件与黑板加粉笔的教学方式是没有什么区别的。

2. 华而不实、花里胡哨：多媒体课件需要借助一定的艺术形式，但不能单纯地为艺术而艺术。

3. 生研拼接、胡拼乱凑：课件的制作讲求取材合适，用材得当。

4. 目的不明、浮于形式：只学会基本技能，不能灵活运用。

图 5-94　插入矩形线框效果图

【任务小结】

本次任务主要介绍了如何在 Word 2010 的文档中插入图片和图片格式的设置、插入艺术字、图形的绘制和文本框的使用，使培训简报达到图文并茂的效果。

【拓展任务】

1.录入如下文字：

岳阳楼位于洞庭湖畔，北望长江东流，主楼三层，高 20 余米，全楼未用一根铁钉和一道横梁，构型庄重大方，与武汉黄鹤楼、南昌滕王阁并称为"江南三大名楼"。相传它的前身是三国时东吴大将鲁肃为操练水军所建的阅军楼；唐代后改名为岳阳楼。由于这里襟山带水，气象十分开阔，因而历代都有文人墨客来此登楼吟咏，留下了不少名篇佳作，其中最著名的就是《岳阳楼记》，在这篇著名的散文里，作者以声情并茂的语句描绘了洞庭一带的美景，还抒发了"先天下之忧而忧，后天下之乐而乐"的心愿。

2.按要求完成如下操作：

（1）设置字符格式为：宋体、小四；段落格式为：首行缩进 2 字符、固定值 25 磅，左右各缩进 2 字符。

（2）在正文右边插入一个竖排文本框，输入"先天下之忧而忧"，正文左边插入一个竖排文本框，输入"后天下之乐而乐"，并设置 2 个文本框为黑体、一号，阴影（预设→内部→内部右下角），无轮廓，如图 5-95 样文所示。

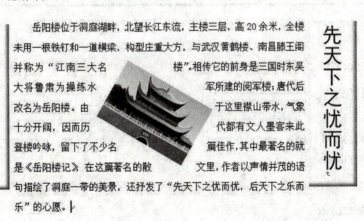

图 5-95 拓展任务样文

（3）插入"图文混排素材"文件夹下的图片"岳阳楼.jpg"到样文所示位置，图片环绕格式为"紧密型"、旋转 30 度。

3.保存文档至"我的作业"文件夹，并命名为"机号－姓名－任务 5 拓展"。

【知识巩固】

阅读配套教材的第 5 章第 2 ~ 5 节的内容，做配套教材第 5 章的相关习题。

任务6　汇总学员培训总结

【任务描述】

培训班课程结束后，学员上交了培训总结，现将 3 位优秀学员的培训总结整理在一起，重命名为"多媒体课件设计制作培训总结"，其中详细介绍了长文档的排版方法与技巧，包括应用样式、添加目录、添加页眉和页脚等内容。效果如图 5-96 所示。

图 5-96　"长文档排版"效果图

【相关知识】

1. 应用样式

2. 插入目录

3. 添加页眉和页脚

4. 设置页码

【任务实现】

1. 文件的插入

打开文档"张三多媒体课件制作培训工作总结 .docx"，另存为"机号 – 姓名 – 多媒体课件制作培训工作总结 .docx"，在该文档中依次插入"李四多媒体课件制作培训工作总结"和"王五多媒体课件制作培训工作总结"文件。

（1）打开文档"张三多媒体课件制作培训工作总结"，将光标定位于文档最后，单击"插入"功能区"文本"组"对象 对象 ▼"按钮，在下拉菜单中选择"文件中的文字"，弹出如图 5-97 所示的"插入文件"对话框。

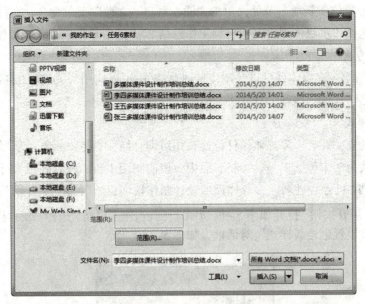

图 5-97　"插入文件"对话框

（2）"插入文件"对话框中找到"我的作业"→"任务 6 素材"中的"李四多媒体课件制作培训工作总结 docx"，单击插入。

（3）用同样的方法插入"王五多媒体课件制作培训工作总结 .docx"文档。

2.插入分页符

（1）将光标分别定位于"机号－姓名－多媒体课件制作培训工作总结"文档的"张三"和"李四"文字内容的后面，单击"页面布局"功能区"页面设置"组中的"分隔符"按钮，在下拉菜单中选择"下一页"命令。插入分节后的文档如图 5-98 所示。

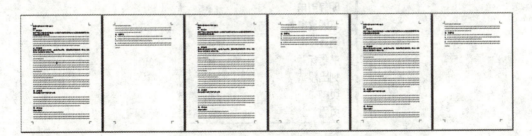

图 5-98　分节设置

※　提示：

"节"是 Word 用来划分文档的一种方式，是为了实现在同一文档中设置不同的页面格式，如不同的页眉和页脚、不同的页码、不同的页边距、不同的分栏等。

（2）将光标定位于新增一节处，单击"插入"→"文件"菜单命令，在打开的"插入文件"对话框中选择"多媒体课件制作培训工作总结2"，然后单击"插入"按钮。

3.样式的应用

在"机号－姓名－多媒体课件设计制作培训总结"中可以应用Word 2010自带的一些样式，也可以创建自己喜欢的一些新的样式。

（1）创建样式

在文档"机号－姓名－多媒体课件设计制作培训总结"中定义一个名为"培训总结标题"的样式，其格式为：宋体、二号、加粗、居中、段前间距1行、段后间距1行。

①将开文档"机号－姓名－多媒体课件设计制作培训总结"，单击"开始"功能区"样式"组中的"样式"展开按钮，打开如图5-99所示"样式"任务窗格，选择"新建样式 ▲" 按钮，打开"根据格式设置创建新样式"对话框，如图5-100所示。

图5-99 "样式"任务窗格

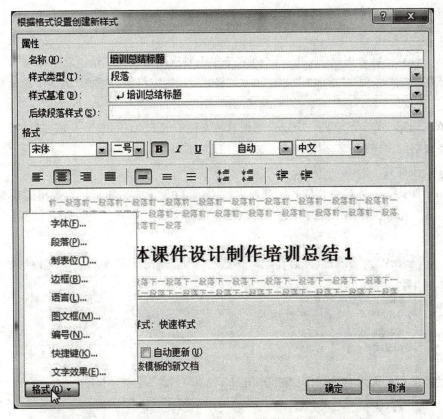

图 5-100 "根据格式设置创建新样式"对话框

②在"根据格式设置创建新样式"对话框中的"名称"框中输入"培训总结标题";在"样式类型"列表框中选择"段落"模式;在"样式基于"框中选择"无样式"。

③在"根据格式设置创建新样式"对话框中,单击"格式"按钮,如图 5-100 所示,分别选择"字体"和"段落",完成样式所要求的字符和段落格式的设置。单击"确定"按钮,完成样式的定义。在窗口右侧的"样式"任务窗格中就会出现"培训总结标题"的新样式,单击即可应用。

※ 提示:

如果只是想把某一样式做些更改,则不用替换的方法,直接更改样式即可。在"样式和格式"任务窗格中右击某一样式,在其下拉菜单中选择"修改"命令,即出现"修改样式"对话框,操作类似新建样式。

(2)应用样式

①打开"机号-姓名-多媒体课件设计制作培训总结"文档,依次选定要应用样式的"多

媒体课件设计制作培训总结1""多媒体课件设计制作培训总结2""多媒体课件设计制作培训总结3"三个段落。

②从"样式"任务窗格的"样式"列表中单击要应用的样式"培训总结标题"。

③依次选定"张三""李四""王五",从"样式"任务窗格的"样式"列表中单击样式"标题2"。

④依次选定"张三""李四""王五"培训总结文档中的五点（例如"一、培训目的"），从"样式"任务窗格的"样式"列表中单击样式"标题3"。

（3）修改样式

①在"样式"任务窗格"样式"列表中的"标题2"上右击鼠标，在弹出的快捷菜单中选择"修改"命令，弹出"修改样式"对话框，如图5-101所示。

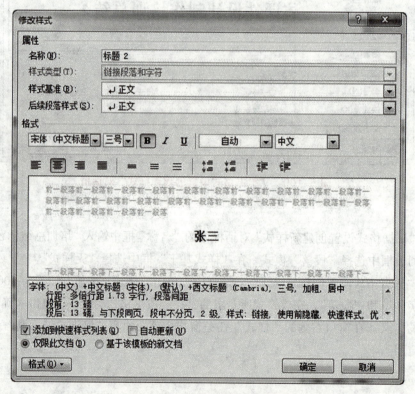

图5-101 "修改样式"对话框

②在"修改样式"对话框中修改"段落"格式为"居中"，单击确定按钮后所有刚才应用了"标题2"样式都自动变成了"修改"后的"样式"。

③同上，修改"正文"格式为：宋体、四号，首行缩进2字符。文档中所有套用了"正文"样式的段落都将自动更新为新修改的样式。如图5-102所示。

图 5-102   "样式应用"效果

4. 插入页码（页脚）

（1）单击"插入"功能区"页眉和页脚"组中的"页码"按钮，打开如图 5-103 所示的"页码"下拉菜单。

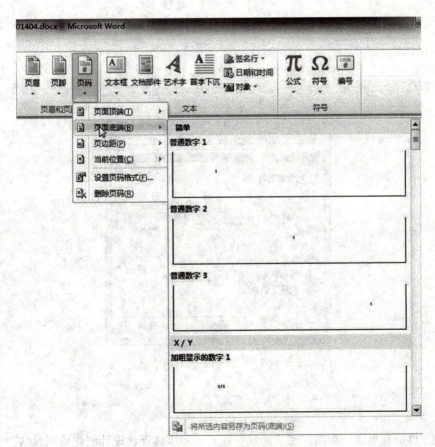

图 5-103   "页码"下拉菜单

（2）选择"页面底端"→"简单"→"普通数字2"，即可在页面底端所设计的位置出现如图5-104所示的"页码"。单击"页眉和页脚工具"选项卡"设计"功能区"关闭"组中的"关闭页眉和页脚"按钮，退出页码（页脚）设置。

二、培训过程。

多媒体课件设计课件制作培训，主讲教师由文平耿、黄红波两位
副教授担任。培训从2013年6月10日到6月16日共7天。

页脚 - 第1节 -   1

图5-104　插入页码

※　提示：

如果要更改页码的格式，可执行"页码"下拉菜单中的"设置页码格式"命令，打开如图5-105所示的"页码格式"对话框，在此对话框中设定页码格式并单击"确定"按钮返回"页码"对话框。

图5-105　"页码格式"对话框

5.设置页眉

利用"页眉和页脚"功能，使"机号－姓名－多媒体课件设计制作培训总结"文档中的每一页的顶端都出现"姓名培训总结"字样。

（1）单击"插入"功能区"页眉和页脚"组中"页眉"按钮，打开内置"页眉"版式列表，如图 5-106 所示。

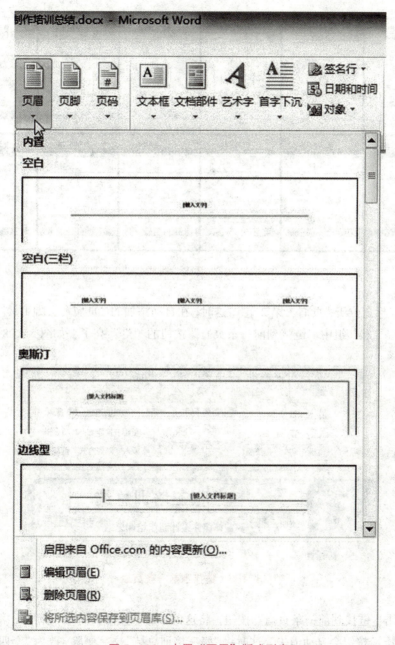

图 5-106　内置"页眉"版式列表

（2）在打开的内置"页眉"版式列表中选择"空白"样式，在文档处显示"页眉""键入文字"，在"键入文字"处输入"张三培训总结"（为了在显示比例缩小的情况下，能看得

计算机应用基础项目化教程 ——Windows7+Office2010

清楚，特别将页眉、页脚的字号设为"初号"），此时在文档的每一页的页眉处都有"张三培训总结"字样。如图 5-107 所示。

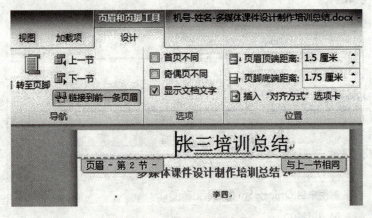

图 5-107　插入"页眉"

（3）将光标定位于"页眉—第 2 节"，这时，在自动添加的"页眉和页脚工具"选项卡"设计"功能区"导航"组中"链接到前一条页眉"按钮的"灯"亮了，如图 5-108 所示。

图 5-108　链接到前一条页眉

（4）单击"链接到前一条页眉"按钮，将这盏"灯"关掉，同时"页眉—第 2 节"中的"与上一节相同"按钮会自动消失。这时将"张三培训总结"文字删除，改为"李四培训总结"。

（5）用同样的方法，将"页眉—第 3 节"上的"李四培训总结"文字删除，改为"王五培训总结"。不同"节"设置不一样的"页眉"，结果如图 5-109 所示。

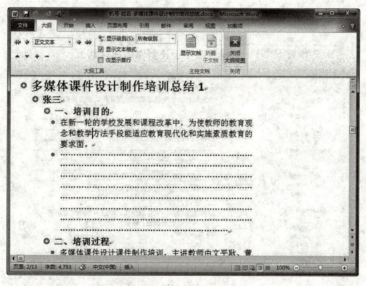

图 5-109　不同"节"设置不一样的"页眉"

6.设置大纲级别

（1）打开文档"姓名 – 机号 – 多媒体课件设计制作培训总结 .docx"，单击"视图"功能区"文档视图"组中的"大纲视图"按钮，文档切换到"大纲视图"。如图 5-110 所示。

图 5-110　大纲视图

（2）将光标定位于标题"多媒体课件设计制作培训总结 1"所在的段落，单击"大纲"功能区"大纲工具"组中"正文文本"下拉按钮，选择"1级"，如图 5-111 所示。用同样的方法，设置"多媒体课件设计制作培训总结 2"和"多媒体课件设计制作培训总结 3"的"大纲"级别均为"1级"。

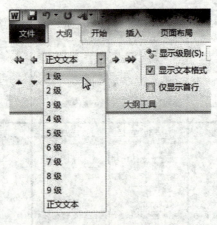

图 5-111　设置"大纲"级别

（3）文档的"2级""3级"大纲，在应用"样式的应用"时就已经设置好了。

（4）单击"视图"功能区"显示"组中的"导航窗格"，可在文档的左侧看见文档结构，即大纲的等级结构，如图 5-112 所示。

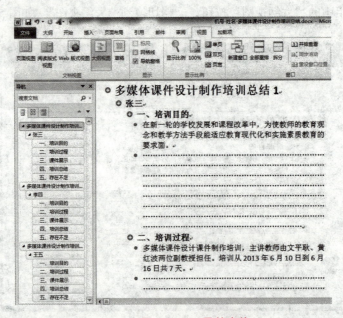

图 5-112　导航窗格

（5）单击"视图"功能区"文档视图"组中的"页面视图"按钮，文档切换到"页面视图"。

7. 目录的生成

目录是文档的大纲列表，常常需要通过目录来浏览文档中的相关主题。利用 Word 2010 的大纲级别可以自动为文档生成相应的目录。

（1）将光标定位于"张三培训总结"的最前面，单击"页面布局"功能区"页面设置"组中的"分隔符"按钮，在下拉菜单中选择"下一页"命令，在文档最前面新增了 1 页 /1 节。

（2）双击进入"页眉"编辑状态，交光标定位于"页眉—第 2 节"，将"链接到前一条页眉"按钮的"灯"关掉。将光标定位至"页眉—第 1 节"，删除"张三培训总结"。单击"关闭页眉和页脚"按钮，退出"页眉"设置。

（3）在文档首页居中位置输入"目录"，单击"引用"功能区"目录"组中的"目录"按钮，在下拉菜单中选择"插入目录"命令，弹出如图 5-113 所示"目录"对话框。

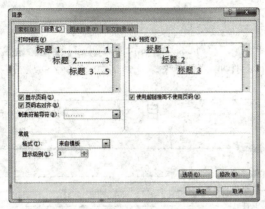

图 5-113　"目录"对话框

（4）设置好目录的显示级别，这里设置为"3 级"。在此，还可以修改"制表符前导符"。如果要进行更多的设置，可以单击"选项"或"修改"按钮，进行相应的设置。这里应用默认方式，设置完成后，单击"确定"按钮，完成目录的生成，如图 5-114 所示。

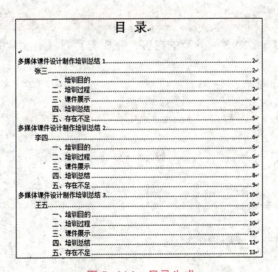

图 5-114　目录生成

【任务小结】

本次任务以"多媒体课件设计制作培训总结"的排版为例,详细介绍了长文档的排版方法与操作技巧。本任务的重点是样式、节、页眉和页脚、目录的应用。

【拓展任务】

1. 打开"任务6拓展"。

2. 按要求完成排版,如5-115样图所示,并保存。

（1）插入分隔符和页码。

（2）样式的应用。

（3）插入目录:目录格式为"优雅",制表前导符为"▬▬▬▬▬"。

（4）保存文档至"我的作业"文件夹,并命名为"机号－姓名－任务6拓展"。

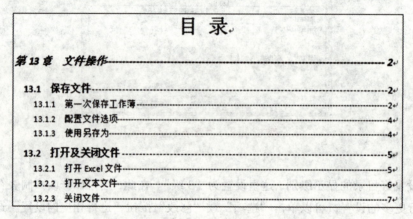

图 5-115　任务 6 样图

【知识巩固】

阅读配套教材的第 5 章第 3 ~ 6 节的内容,完成配套教材第 5 章的所有习题。

拓展项目一　制作健康体检表

（医卫类）

为某医院设计一份教师健康体检表

【要点提示】

1. 制作封面：用图片或艺术字进行点缀。

2. 设计体检时所需项目：主要以表格的形式体现。

3. 后面附一个填表说明：主要以文字体现。

拓展项目二　制作产品宣传画册
（工科类）

为某品牌汽车设计一份宣传画册

【要点提示】

1. 制作封面：文字、艺术字、图片、文本框。

2. 内容设置：文字、艺术字、图片、文本框、表格。

3. 参考网上资料。

拓展项目三　制作求职简历
（综合类）

小张就要大学毕业了，他想制作一份求职简历

【要点提示】

1. 首先要为小张的简历设计一张漂亮的封面，最好用图片或艺术字进行点缀。

2. 草拟一份自荐书，根据自荐书的内容多少，适当调整字体、字号及行间距、段间距等。

3. 设计小张的个人简历，包括基本情况、联系方式、受教育情况等内容，以表格的形式完成。

模块六 利用 Excel 2010 处理电子表格

电子表格软件 Excel 2010 是 Microsoft Office 2010 办公套装软件中的一个组件，用于对表格式的数据进行组织、计算、分析和统计，可以通过各种类型的图表来直观地表现数据。可以通过比以往更多的方法分析、管理和共享信息，从而帮助用户做出更好、更明智的决策。Excel 2010 功能强大、技术先进、使用方便灵活，是目前最流行的关于电子表格处理的软件之一。

本模块以处理培训班学员管理系列表为案例，学习有关 Excel 工作表和数据运算处理的一些基础知识，结合项目任务来学习 Excel 电子表格的创建、数据处理、数据分析、图表创建和工作簿打印过程。

学 习 目 标

知识目标

1. 了解 Excel 电子表格处理软件的功能、特点及其应用领域。
2. 理解掌握工作簿、工作表、单元格、填充柄等基本概念。
3. 掌握工作表、单元格、行、列的操作与设置。
4. 掌握 Excel 中公式与常用函数的使用方法。
5. 掌握创建图表的方法。
6. 掌握自动筛选和高级筛选的使用方法。
7. 掌握排序、分类汇总及数据透视表的使用方法。

能力目标

1. 能创建并编辑 Excel 工作簿和工作表，并能进行保存和保护。
2. 能使用公式和常用函数处理各种类型数据。
3. 能应用各种类型图表直观地表示 Excel 表格中的数据。
4. 能对数据进行排序和分类汇总。
5. 能用数据透视表分析复杂数据表。
6. 能对工作表进行格式设置、页面设置和打印。

素质目标

1.培养学生独立思考、综合分析问题的能力。

2.培养学生自主学习的能力。

3.培养学生团结协作的精神。

项目　建立并处理培训班学员管理系列表

为了便于培训班学员信息和成绩的管理和分析，我们可以利用 Excel 2010 建立学员花名册、成绩表、分类汇总表等相关表格，并进行计算、统计和分析。

本项目总体任务是利用 Excel 2010 建立并处理"学员管理系列表"。系列表由学员花名册、各单科成绩表、成绩汇总表、排序后的成绩表、成绩分析统计图表、筛选、分类汇总和数据透视等工作表组成。具体工作任务包括学员花名册、单科原始成绩的录入，成绩的计算、汇总、排序、统计、分析和绘制图表等，以及打印成绩汇总表、成绩分析统计图表。

"学员管理系列表"主要表格效果图，如图 6-1~ 图 6-6 所示。

学员花名册								
编号	姓名	性别	年龄	籍贯	报到时间	培训类型	来源	联系电话
00137001	吴伟明	男	27	湖南岳阳	2013/7/5	普及班	普通中学	13900005275
00137002	李靖	女	41	湖南怀化	2013/7/5	普及班	高职院校	13900016686
00137003	韩云云	女	29	湖南岳阳	2013/7/5	提高班	高职院校	13900021235
00137004	王鹏	男	37	湖南岳阳	2013/7/5	提高班	中专/技校	13900035689
00137005	李国敏	男	26	湖南娄底	2013/7/5	普及班	中专/技校	13000113721
00137006	张京生	男	22	湖南益阳	2013/7/5	普及班	普通中学	13000052963
00137007	陈建平	女	33	湖南长沙	2013/7/5	普及班	普通中学	0731-72356789
00137008	许巍	男	28	湖南永州	2013/7/5	提高班	高职院校	13000076636
00137009	黄佳俊	女	34	湖南株洲	2013/7/5	普及班	高职院校	13000087653
00137010	刘佳	女	43	湖南湘潭	2013/7/6	提高班	普通中学	13000099019
00137011	万少峰	男	39	山东济南	2013/7/6	普及班	普通中学	13000101010
00137012	李丹妮	女	34	北京	2013/7/6	普及班	普通中学	010-82637986
00137013	蔡晓峰	男	31	辽宁大连	2013/7/6	普及班	中专/技校	13300127535
00137014	高力杰	女	25	湖北武汉	2013/7/6	提高班	普通中学	13300132408
00137015	蒋佳科	男	44	湖北咸宁	2013/7/6	提高班	高职院校	13300143986
00137016	许聪敏	女	32	广东深圳	2013/7/6	提高班	高职院校	18200151202
00137017	刘雨露	女	35	江苏南京	2013/7/6	普及班	中专/技校	18200167581
00137018	刘思嘉	女	28	四川成都	2013/7/6	提高班	中专/技校	18200176218

图 6-1　培训班学员花名册

计算机基础成绩表

编号	姓名	平时1	平时2	平时3	平时4	平时平均	课程测试	总评成绩
00137001	吴伟明	88	89	99	89	91.3	74	80.9
00137002	李靖	94	74	81	91	85.0	86	85.6
00137003	韩云云	98	76	93	79	86.5	77	80.8
00137004	王鹏	81	77	88	92	84.5	90	87.8
00137005	李国敏	89	73	76	74	78.0	58	66.0
00137006	张京生	0	60	76	65	50.3	65	59.1
00137007	陈建平	88	72	75	85	80.0	63	69.8
00137008	许巍	85	81	76	80	80.5	85	83.2
00137009	黄佳俊	85	80	70	98	83.3	69	74.7
00137010	刘佳	91	81	83	85	85.0	82	83.2
00137011	万少峰	75	65	40	60	60.0	52	55.2
00137012	李丹妮	81	80	76	94	82.8	74	77.5
00137013	蔡晓峰	84	95	95	88	90.5	98	95.0
00137014	高力杰	70	60	75	72	69.3	65	66.7
00137015	蒋佳科	98	98	80	73	87.3	92	90.1
00137016	许聪敏	76	85	88	78	81.8	94	89.1
00137017	刘雨露	84	95	83	95	89.3	85	86.7
00137018	刘思嘉	92	99	97	92	95.0	86	89.6

图6-2　单科成绩表（以"计算机基础成绩表"为例）

成绩汇总表

编号	姓名	计算机基础	PowerPoint应用	常用工具软件	综合项目任务	总分	平均	等级评价	名次
00137001	吴伟明	80.9	80.7	73.8	65.0	300.4	75.1	及格	11
00137002	李靖	85.6	64.5	82.1	71.2	303.4	75.9	及格	10
00137003	韩云云	80.8	86.9	90.1	85.1	342.9	85.7	优秀	2
00137004	王鹏	87.8	79.2	75.1	81.6	323.7	80.9	及格	5
00137005	李国敏	66.0	70.2	75.9	80.2	292.3	73.1	及格	13
00137006	张京生	59.1	68.1	72.6	69.3	269.1	67.3	及格	16
00137007	陈建平	69.8	62.4	63.6	84.0	279.8	70.0	及格	15
00137008	许巍	83.2	82.2	87.0	73.5	325.9	81.5	及格	4
00137009	黄佳俊	74.7	90.0	64.5	82.1	311.3	77.8	及格	7
00137010	刘佳	83.2	66.0	73.8	67.0	290.0	72.5	及格	14
00137011	万少峰	55.2	58.0	63.0	51.4	227.6	56.9	不及格	18
00137012	李丹妮	77.5	72.6	76.3	81.3	307.7	76.9	及格	8
00137013	蔡晓峰	95.0	92.7	89.1	88.4	365.2	91.3	优秀	1
00137014	高力杰	66.7	62.2	70.7	63.7	263.3	65.8	及格	17
00137015	蒋佳科	90.1	58.6	77.3	73.2	299.1	74.8	及格	12
00137016	许聪敏	89.1	74.3	65.5	77.4	306.3	76.6	及格	9
00137017	刘雨露	86.7	69.2	86.2	89.0	331.1	82.8	及格	3
00137018	刘思嘉	89.6	69.1	80.7	78.7	318.1	79.5	及格	6
人平分		78.9	72.6	76.0	75.7	303.2	75.8		
最高分		95.0	92.7	90.1	89.0	365.2	91.3		
最低分		55.2	58.0	63.0	51.4	227.6	56.9		
全班人数		18							
参考人数		18	18	18	18				
各分数段人数统计	85~100人数	7	3	4	3				
	60~85人数	9	13	14	14				
	60以下人数	2	2	0	1				
及格率		88.9%	88.9%	100.0%	94.4%				
优秀率		38.9%	16.7%	22.2%	16.7%				

图6-3　打印预览"成绩汇总表"

成绩分析统计图表

课程	计算机基础	PowerPoint应用	常用工具软件	综合项目任务
85~100人数	7	3	4	3
60~85人数	9	13	14	14
60以下人数	2	2	0	1

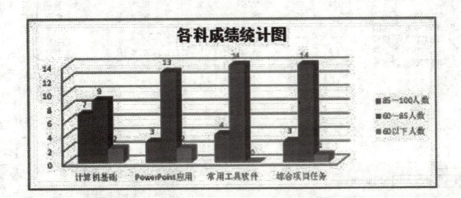

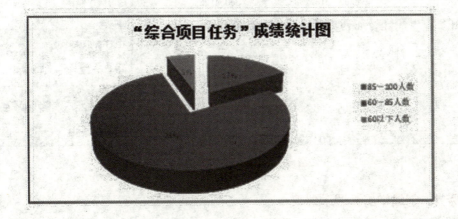

图 6-4 打印预览"成绩分析统计图表"

	A	B	C	D	E	F	G	H	I	J	K	L
1	分类汇总用表											
2	编号	姓名	计算机基础	PowerPoir	常用工具	综合项目	总分	平均	等级评价	名次	来源	
3	00137002	李靖	85.6	64.5	82.1	71.2	303.4	75.9	及格	10	高职院校	
4	00137003	韩云云	80.8	86.9	90.1	85.1	342.9	85.7	优秀	2	高职院校	
5	00137008	许巍	83.2	82.2	87.0	73.5	325.9	81.5	及格	4	高职院校	
6	00137009	黄佳俊	74.7	90.0	64.5	82.1	311.3	77.8	及格	7	高职院校	
7	00137015	蒋佳科	90.1	58.6	77.3	73.1	299.1	74.8	及格	12	高职院校	
8	00137016	许聪敏	89.1	74.3	65.5	77.4	306.3	76.6	及格	9	高职院校	
9			83.9	76.1	77.8	77.1					高职院校	平均值
10	00137001	吴伟明	80.9	80.7	73.8	65.0	300.4	75.1	及格	11	普通中学	
11	00137006	张京生	59.1	68.1	72.6	69.3	269.1	67.3	及格	16	普通中学	
12	00137007	陈建平	69.8	62.4	63.6	84.0	279.8	70.0	及格	15	普通中学	
13	00137010	刘佳	83.2	66.0	73.8	67.0	290.0	72.5	及格	14	普通中学	
14	00137011	万少峰	55.2	58.0	63.0	51.4	227.6	56.9	不及格	18	普通中学	
15	00137012	李丹妮	77.5	72.6	76.3	81.3	307.7	76.9	及格	8	普通中学	
16	00137014	高力杰	66.7	62.2	70.7	63.7	263.3	65.8	及格	17	普通中学	
17			70.3	67.1	70.5	68.8					普通中学	平均值
18	00137004	王鹏	87.8	79.2	75.1	81.6	323.7	80.9	及格	5	中专/技校	
19	00137005	李国敏	66.0	70.2	75.9	80.2	292.3	73.1	及格	13	中专/技校	
20	00137013	蔡晓峰	95.0	92.7	89.1	88.4	365.2	91.3	优秀	1	中专/技校	
21	00137017	刘雨露	86.7	69.2	86.2	89.0	331.1	82.8	及格	3	中专/技校	
22	00137018	刘思嘉	89.6	69.1	80.7	78.7	318.1	79.5	及格	6	中专/技校	
23			85.0	76.1	81.4	83.6					中专/技校	平均值
24			78.9	72.6	76.0	75.7					总计平均值	

图 6-5　分类汇总表效果图

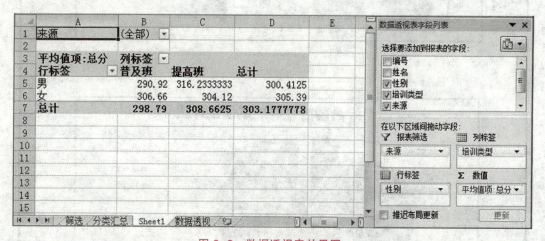

图 6-6　数据透视表效果图

任务 1　创建学员管理系列表

【任务描述】

创建学员花名册和各门课程成绩表,并录入学员信息和各门课程原始成绩等数据,如图
6-7~ 图 6-11 所示。

	A	B	C	D	E	F	G	H	I
1	学员花名册								
2	编号	姓名	性别	年龄	籍贯	报到时间	培训类型	来源	联系电话
3	00137001	吴伟明	男	27	湖南岳阳	2013/7/5	普及班	普通中学	13900005275
4	00137002	李靖	女	41	湖南怀化	2013/7/5	普及班	高职院校	13900016686
5	00137003	韩云云	女	29	湖南岳阳	2013/7/5	提高班	高职院校	13900021235
6	00137004	王鹏	男	37	湖南岳阳	2013/7/5	提高班	中专/技校	13900035689
7	00137005	李国敏	男	26	湖南娄底	2013/7/5	普及班	中专/技校	13000113721
8	00137006	张京生	男	22	湖南益阳	2013/7/5	普及班	普通中学	13000052963
9	00137007	陈建平	女	33	湖南长沙	2013/7/5	普及班	普通中学	0731-7235678
10	00137008	许巍	男	28	湖南永州	2013/7/5	提高班	高职院校	13000076636
11	00137009	黄佳俊	女	34	湖南株洲	2013/7/5	普及班	高职院校	13000087653
12	00137010	刘佳	女	43	湖南湘潭	2013/7/5	提高班	普通中学	13000099019
13	00137011	万少峰	男	39	山东济南	2013/7/5	普及班	普通中学	13000101010
14	00137012	李丹妮	女	34	北京	2013/7/5	普及班	普通中学	010-82637986
15	00137013	蔡晓峰	男	31	辽宁大连	2013/7/6	普及班	中专/技校	13300127535
16	00137014	高力杰	女	25	湖北武汉	2013/7/6	提高班	普通中学	13300132408
17	00137015	蒋佳科	男	44	湖北咸宁	2013/7/6	提高班	高职院校	13300143986
18	00137016	许聪敏	女	32	广东深圳	2013/7/6	提高班	高职院校	18200151202
19	00137017	刘雨露	女	35	江苏南京	2013/7/6	普及班	中专/技校	18200167581
20	00137018	刘思嘉	女	28	四川成都	2013/7/6	提高班	中专/技校	18200176218

图 6-7 "学员花名册"原始数据图

	A	B	C	D	E	F	G	H	I
1	计算机基础成绩表								
2	编号	姓名	平时1	平时2	平时3	平时4	平时平均	课程测试	总评成绩
3	00137001	吴伟明	88	89	99	89		74	
4	00137002	李靖	94	74	81	91		86	
5	00137003	韩云云	98	76	93	79		77	
6	00137004	王鹏	81	77	88	92		90	
7	00137005	李国敏	89	73	76	74		58	
8	00137006	张京生	0	60	76	65		65	
9	00137007	陈建平	88	72	75	85		63	
10	00137008	许巍	85	81	76	80		85	
11	00137009	黄佳俊	85	80	70	98		69	
12	00137010	刘佳	91	81	83	85		82	
13	00137011	万少峰	75	65	40	60		52	
14	00137012	李丹妮	81	80	76	94		74	
15	00137013	蔡晓峰	84	95	95	88		98	
16	00137014	高力杰	70	60	75	72		65	
17	00137015	蒋佳科	98	98	80	73		92	
18	00137016	许聪敏	76	85	88	78		94	
19	00137017	刘雨露	84	95	83	95		85	
20	00137018	刘思嘉	92	99	97	92		86	

图 6-8 "计算机基础成绩表"原始数据图

	A	B	C	D	E	F	G	H	I
1	PowerPoint应用成绩表								
2	编号	姓名	平时1	平时2	平时3	平时4	平时平均	课程测试	总评成绩
3	00137001	吴伟明	82	81	92	90		77	
4	00137002	李靖	81	60	77	91		56	
5	00137003	韩云云	92	91	84	80		87	
6	00137004	王鹏	72	74	89	83		79	
7	00137005	李国敏	85	87	62	60		68	
8	00137006	张京生	93	80	78	70		60	
9	00137007	陈建平	82	69	75	80		53	
10	00137008	许巍	88	77	92	91		79	
11	00137009	黄佳俊	92	86	85	85		92	
12	00137010	刘佳	64	78	93	89		56	
13	00137011	万少峰	60	66	62	20		62	
14	00137012	李丹妮	75	86	93	94		63	
15	00137013	蔡晓峰	89	95	94	91		93	
16	00137014	高力杰	78	50	66	62		61	
17	00137015	蒋佳科	69	80	68	69		50	
18	00137016	许聪敏	89	66	86	70		72	
19	00137017	刘雨露	77	66	71	94		64	
20	00137018	刘思嘉	89	64	81	67		65	

图 6-9　"PowerPoint 应用成绩表"原始数据图

	A	B	C	D	E	F	G	H	I
1	常用工具软件成绩表								
2	编号	姓名	平时1	平时2	平时3	平时4	平时平均	课程测试	总评成绩
3	00137001	吴伟明	84	80	75	67		72	
4	00137002	李靖	69	89	63	66		89	
5	00137003	韩云云	95	92	94	86		89	
6	00137004	王鹏	89	73	62	71		76	
7	00137005	李国敏	82	94	78	79		71	
8	00137006	张京生	88	91	78	91		63	
9	00137007	陈建平	72	67	55	70		62	
10	00137008	许巍	82	94	93	67		89	
11	00137009	黄佳俊	62	72	83	74		59	
12	00137010	刘佳	79	66	88	61		74	
13	00137011	万少峰	65	65	75	65		60	
14	00137012	李丹妮	75	73	84	93		73	
15	00137013	蔡晓峰	83	88	62	88		95	
16	00137014	高力杰	65	86	74	92		65	
17	00137015	蒋佳科	90	69	66	80		78	
18	00137016	许聪敏	90	80	64	91		55	
19	00137017	刘雨露	75	71	68	90		93	
20	00137018	刘思嘉	67	60	90	74		86	

图 6-10　"常用工具软件成绩表"原始数据图

	A	B	C	D	E	F	G	H	I
1	综合项目任务成绩表								
2	编号	姓名	平时1	平时2	平时3	平时4	平时平均	课程测试	总评成绩
3	00137001	吴伟明	87	80	68	67		58	
4	00137002	李靖	80	75	67	70		70	
5	00137003	韩云云	69	96	97	73		86	
6	00137004	王鹏	88	90	80	90		78	
7	00137005	李国敏	85	75	66	84		82	
8	00137006	张京生	83	91	72	87		60	
9	00137007	陈建平	96	76	83	99		81	
10	00137008	许巍	76	83	70	74		72	
11	00137009	黄佳俊	92	89	79	87		79	
12	00137010	刘佳	78	76	79	71		61	
13	00137011	万少峰	65	75	0	50		54	
14	00137012	李丹妮	74	87	80	68		84	
15	00137013	蔡晓峰	96	87	88	79		89	
16	00137014	高力杰	72	82	65	82		56	
17	00137015	蒋佳科	99	96	78	80		63	
18	00137016	许聪敏	96	68	92	74		74	
19	00137017	刘雨露	83	95	70	84		93	
20	00137018	刘思嘉	91	93	87	90		71	

图 6-11 "综合项目任务成绩表"原始数据图

【相关知识】

1.Excel 2010 窗口的组成

2.工作簿和工作表

3.单元格、当前单元格、行、列

4.单元格数字分类

5.填充柄、填充序列

【任务实现】

1.启动 Excel 2010

单击"开始"→"所有程序"→"Microsoft Office"→"Microsoft Excel 2010"菜单命令，或者双击桌面"Microsoft Excel 2010"图标，打开 Excel 2010 工作窗口。如图 6-12 所示。

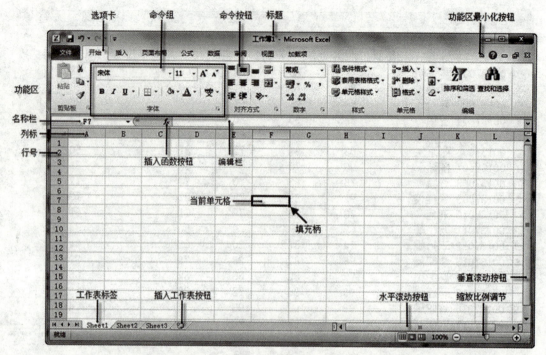

图 6-12　Excel 2010 工作窗口介绍

※　提示：

Excel 2010 启动时，即新建了一个名为"工作簿 1"的工作簿文件，该工作簿默认包含 3 张工作表，分别是 sheet1、sheet2、sheet3。

2.录入数据

在 sheet1 工作表中，输入如图 6-7 所示的学员花名册数据。

（1）在 A1 单元格输入表格标题"培训班学员花名册"，在第 2 行相应单元格依次输入表格各栏目的名称"编号""姓名""性别""年龄""籍贯""报到时间""培训类型""联系电话"。

（2）输入"编号"列的内容，如图 6-7 所示：

①选择学号所在列中单元格 A3，单击"开始"选项卡中"数字"命令组输入框中下拉按钮，在下拉列表中选择"文本"，如图 6-13 所示。

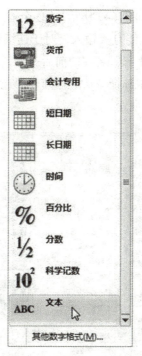

图 6-13　设置单元格格式

②在 A3 单元格中输入"00137001"。

③按住填充柄拖曳 A3 单元格的填充柄至 A20。

（3）输入"姓名"列，数据如图 6-7 所示。（逐个输入）

（4）输入"性别"列，数据如图 6-7 所示。（逐个输入）

对于连续多个单元格数据相同的情况，可采用拖曳填充柄的方法，产生相同的数据。

（5）输入"年龄"列，数据如图 6-7 所示：（逐个输入）

（6）输入"籍贯""培训级别"列，数据如图 6-7 所示：（逐个输入）

对于连续多个单元格数据相同的情况，可采用拖曳填充柄的方法复制。

（7）输入"报到时间"列，数据如图 6-7 所示：

例如"2013 年 7 月 5 日"可输入"2013-7-5"，也可输入"2013/7/5"。

对于连续多个相同的日期，可采用按住【Ctrl】键的同时拖曳填充柄的方法，则产生相同的日期。

※　提示：

对于日期型数据（含星期、月份等），直接拖曳填充柄，会产生递增的日期数列；按住【Ctrl】键的同时拖曳填充柄，则产生相同的日期。对于非日期型数据，直接拖曳，会产生相同的数据数列；按住【Ctrl】键的同时拖曳填充柄，则产生递增数列。

（8）输入"来源"列，数据如图6-7所示：（逐个输入）

"来源"列数据的初次输入只能直接输入，对于连续多个单元格数据相同的情况，可采用拖曳填充柄的方法。为保证"来源"名称的前后一致，在后续单元格输入时，可以在选取单元格后，单击右键在快捷菜单中选择"从下拉列表中选择"命令，从显示的一个输入列表中选择需要的输入项，如图6-14所示。

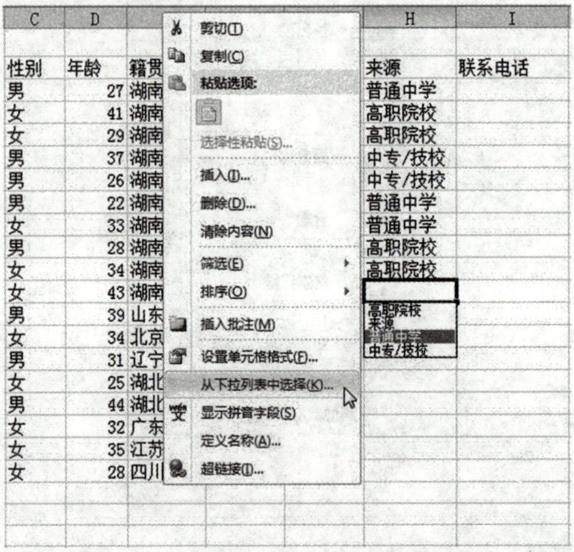

图6-14 从下拉列表中选择输入示例图

（9）输入"联系电话"列，数据如图6-7所示：

①选择身份证号码所在列中单元格区域I3：I20，和"编号"列的设置一样，单击"开始"→"数字"命令组中下拉按钮，在下拉列表中选择"文本"，如图6-13所示。

②在对应的单元格中逐个输入身份证号码。

③用手动方式适当调整I列的宽度：将光标停在I列和J列的两个列标之间，当光标变为┿时，按住左键向右拖动，使I列的宽度和电话号码长度相适应。

注意：

因为电话号码（类似的还有身份证号码、银行账号等）是长度为十几的一组数字，不能作为普通数值输入，所以在输入前必须把相应的单元格区域设置为"文本"类型。

（10）将当前工作表sheet1改名为"花名册"：

双击工作表sheet1标签，输入"花名册"。

3.添加工作表

在"花名册"工作表后面添加8张工作表，操作步骤如下：

（1）单击窗口下方最后一张工作表标签右侧的"插入工作表"按钮，插入一张新的工作表，默认工作表名为 sheet4。以上述同样的方法依次插入 7 张工作表，使得当前工作簿共有 11 张工作表。

（2）将"花名册"后面的工作表的标签依次改名为"计算机基础""PowerPoint 应用""常用工具软件""综合项目任务""成绩汇总表""排序后的成绩表""成绩分析统计图表""筛选""分类汇总"和"数据透视"。

（3）在"计算机基础"工作表中，输入数据，创建如图 6-8 所示的"计算机基础成绩表"。

①从"花名册"中复制编号、姓名两列数据：在"花名册"中选取编号、姓名两列数据区域 A2：B20，复制；再单击"计算机基础"工作表标签，使"计算机基础"成为当前工作表，单击选定 A2 单元格，然后粘贴。

②依次输入平时 1、平时 2、平时 3、平时 4 和课程测试各列数据。

（4）按照同样的方法，在相应的工作表中创建如图 6-9 所示的"PowerPoint 应用成绩表"、如图 6-10 所示的"常用工具软件成绩表"、如图 6-11 所示的"综合项目任务成绩表"。

4. 保存工作簿

单击"文件"→"保存"菜单命令，弹出"另存为"对话框，在对话框左侧选择保存位置（例如选择"计算机"/本地磁盘（E：）/"培训班管理"），在"文件名"栏输入"学员管理系列表"，单击"保存"按钮，如图 6-15 所示。

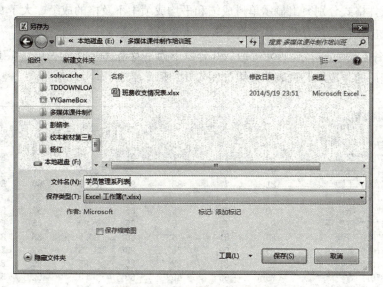

图 6-15 "另存为"对话框

※ 提示：
默认的保存类型为 Excel 工作簿文件，文件的扩展名为".xlsxx"。

【任务小结】

在任务 1 中，通过建立学员花名册和单科成绩表，我们较熟练地掌握了以下操作：创建和保存工作簿，工作表的相关操作，各种类型数据的输入，单元格及单元格区域的复制、移动、填充等操作。

【知识巩固】

1. 阅读辅助教材的第六章中相关内容。

2. 做辅助教材第六章习题。

任务 2　处理单科成绩表并汇总

【任务描述】

1. 打开工作簿文件"学员管理系列表 .xlsx"，计算出各门课程成绩表中的平时平均和总评成绩（由平时 40%、课程测试 60% 组成），效果如图 6–16 所示（以"计算机基础成绩表"为例）。

2. 将各单科成绩表中的"总评成绩"汇总到"成绩汇总表"，然后对"成绩汇总表"进行如下操作：

（1）计算每个人的总分、平均分。

（2）用条件格式分别突出显示单科成绩和平均成绩中不及格的成绩、大于 90 分的成绩。

（3）统计出各科、总分和平均分的全班"人平分""最高分""最低分"。

（4）根据各人的"平均分"评定等级（60 分以下为不及格、60~85 为及格、85~100 为优秀）。

初步处理后的"成绩汇总表"效果如图 6–17 所示。

计算机基础成绩表							
编号	姓名	平时1	平时2	平时3	平时4	平时平均	课程测试	总评成绩
00137001	吴伟明	88	89	99	89	91.25	74	80.9
00137002	李靖	94	74	81	91	85	86	85.6
00137003	韩云云	98	76	93	79	86.5	77	80.8
00137004	王鹏	81	77	88	92	84.5	90	87.8
00137005	李国敏	89	73	76	74	78	58	66
00137006	张京生	0	60	76	65	50.25	65	59.1
00137007	陈建平	88	72	75	85	80	63	69.8
00137008	许巍	85	81	76	80	80.5	85	83.2
00137009	黄佳俊	85	80	70	98	83.25	69	74.7
00137010	刘佳	91	81	83	85	85	82	83.2
00137011	万少峰	75	65	40	60	60	52	55.2
00137012	李丹妮	81	80	76	94	82.75	74	77.5
00137013	蔡晓峰	84	95	95	88	90.5	98	95
00137014	高力杰	70	60	75	72	69.25	65	66.7
00137015	蒋佳科	98	98	80	73	87.25	92	90.1
00137016	许聪敏	76	85	88	78	81.75	94	89.1
00137017	刘雨露	84	95	83	95	89.25	85	86.7
00137018	刘思嘉	92	99	97	92	95	86	89.6

图 6–16　经过计算处理后的单科成绩表（以计算机基础成绩表为例）

成绩汇总表

编号	姓名	计算机基础	PowerPoint应用	常用工具软件	综合项目任务	总分	平均	等级评价
00137001	吴伟明	80.9	80.7	73.8	65.0	300.4	75.1	及格
00137002	李靖	85.6	64.5	82.1	71.2	303.4	75.9	及格
00137003	韩云云	80.8	86.9	90.1	85.1	342.9	85.7	优秀
00137004	王鹏	87.8	79.2	75.1	81.6	323.7	80.9	及格
00137005	李国敏	66.0	70.2	75.9	80.2	292.3	73.1	及格
00137006	张京生	59.1	68.1	72.6	69.3	269.1	67.3	及格
00137007	陈建平	69.8	62.4	63.6	84.0	279.8	70.0	及格
00137008	许巍	83.2	82.2	87.0	73.5	325.9	81.5	及格
00137009	黄佳俊	74.7	90.0	64.5	82.1	311.3	77.8	及格
00137010	刘佳	83.2	66.0	73.8	67.0	290.0	72.5	及格
00137011	万少峰	55.2	58.0	63.0	51.4	227.6	56.9	不及格
00137012	李丹妮	77.5	72.6	76.3	81.3	307.7	76.9	及格
00137013	蔡晓峰	95.0	92.7	89.1	88.4	365.2	91.3	优秀
00137014	高力杰	66.7	62.2	70.7	63.7	263.3	65.8	及格
00137015	蒋佳科	90.1	58.6	77.3	73.1	299.1	74.8	及格
00137016	许聪敏	89.1	74.3	65.5	77.4	306.3	76.6	及格
00137017	刘雨露	86.7	69.2	86.2	89.0	331.1	82.8	及格
00137018	刘思嘉	89.6	69.1	80.7	78.7	318.1	79.5	及格
	人平分	78.9	72.6	76.0	75.7	303.2	75.8	
	最高分	95.0	92.7	90.1	89.0	365.2	91.3	
	最低分	55.2	58.0	63.0	51.4	227.6	56.9	

图 6-17 初步处理后的成绩汇总表

【相关知识】

1.Excel 公式

2.多工作表操作

3.SUM、AVERAGE、ROUND、MAX、MIN、IF、MID、DATE、YEAR、NOW 等常用函数

4.条件格式

【任务实现】

1.打开工作簿

打开"学员管理系列表 .xlsx"工作簿文件。

2.计算单科成绩

分别计算每门科目的"平时平均"和"总评成绩":

（1）利用自动函数计算"计算机基础成绩表"的"平时平均"。

①在"计算机基础成绩表"中，选定单元格 G3。

②单击"开始"选项卡中"编辑"命令组的"Σ自动求和"右侧下拉按钮（简称【单击"开始"→"Σ自动求和"】，为方便描述，下文中均采用简称），在下拉列表中选择"平均值"，这样就在 G3 单元格中自动插入了求平均值函数 AVERAGE，函数参数自动选择 C3：F3 区域，单击编辑栏左侧输入按钮√确认，如图 6-18 所示。

COUNTIF	▼	⊗ ✕ ✔ fx	=AVERAGE(C3:F3)						
◢	A	B	C	D	E	F	G	H	I	J
1	计算机基础成绩表									
2	编号	姓名	平时1	平时2	平时3	平时4	平时平均	课程测试	总评成绩	
3	00137001	吴伟明	88	89	99	89	=AVERAGE(C3:F3)			
4	00137002	李靖	94	74	81	91	AVERAGE(**number1**, [number2], ...)			
5	00137003	韩云云	98	76	93	79		77		
6	00137004	王鹏	81	77	88	92		90		
7	00137005	李国敏	89	73	76	74		58		
8	00137006	张京生	0	60	76	65		65		
9	00137007	陈建平	88	72	75	85		63		

图 6-18　自动函数计算

③利用填充柄复制公式

按住当前单元格 G3 右下角的填充柄，向下拖至 G20，这样就将 G3 单元格的计算公式复制到了 G4：G20 整个区域。即所有学生的平时平均都计算出来了。

（2）利用公式计算"计算机基础成绩表"的"总评成绩"。

①选定单元格 I3。

②输入"=G3*40%+H3*60%"，回车确认。也可在编辑栏中直接输入同样的内容，然后点击编辑栏左侧输入按钮√确认。如图 6-19 所示。

③按住活动单元格 I3 右下角的填充柄，往下拖曳至 J20。所有学生的"总评成绩"也就计算出来了。

COUNTIF	▼	⊗ ✕ ✔ fx	=G3*40%+H3*60%						
◢	A	B	C	D	E	F	G	H	I	J
1	计算机基础成绩表									
2	编号	姓名	平时1	平时2	平时3	平时4	平时平均	课程测试	总评成绩	
3	00137001	吴伟明	88	89	99	89	91.25	74	=G3*40%+H3*60%	
4	00137002	李靖	94	74	81	91	85	86		
5	00137003	韩云云	98	76	93	79	86.5	77		
6	00137004	王鹏	81	77	88	92	84.5	90		
7	00137005	李国敏	89	73	76	74	78	58		
8	00137006	张京生	0	60	76	65	50.25	65		
9	00137007	陈建平	88	72	75	85	80	63		

图 6-19　公式的输入

（3）将"平时平均"和"总评成绩"的小数位数设置为 1 位。

①选定 G3：G20 单元格区域。

②单击"开始"→"数字"命令组右下角对话框弹出按钮 ⬚，弹出"设置单元格格式"对话框，单击"数字"选项卡。

③在分类中选择"数值"，将小数位数设置为 1 位，如图 6-20 所示，单击"确定"按钮。

④按上述同样的方法，将"总评成绩"所在的 I3:I20 单元格区域的小数位数设置为 1 位。

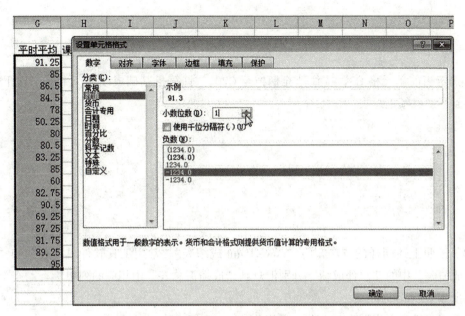

图 6-20　设置单元格数值的小数位数

（4）按照同样的方法，计算并处理"PowerPoint 成绩表""常用工具软件成绩表""综合项目任务成绩表"三张单科成绩表中的"平时平均"和"总评成绩"。

※　提示：

对于数值型数据，可以用"数字"命令组中 工具按钮减少小数位数。

3.汇总各科成绩

把各门课程成绩表中的"总评成绩"汇总到"成绩汇总表"中：

（1）在"成绩汇总表"中，输入表格标题"成绩汇总表"，并建立相应栏目（列），如图 6-17 所示。从"花名册"中复制"学号""姓名"两列数据（即 A2:B20 单元格区域），并粘贴到"成绩汇总表"中 A2：B20 单元格区域。

（2）将计算机基础成绩汇总到"成绩汇总表"中"计算机基础"列（即 C 列），并进行四舍五入取整。操作步骤如下：

①选定当前工作表"成绩汇总表"中 C3 单元格，输入"="。

②单击"计算机基础"工作表标签，切换到"计算机基础成绩表"，选定 I3。

③回车确认，自动切换到"成绩汇总表"，单击 C3 单元格，此时 C3 单元格在编辑栏里显示"= 计算机基础 !I3"。

④在编辑栏中直接插入四舍五入函数 ROUND 对 C3 单元格设置 1 位小数：在编辑栏中对公式进行编辑，使之变为"=ROUND（计算机基础 !I3,1）"，回车确认。

※ 提示：

ROUND 函数中参数 1 即为保留 1 位小数，对小数点后面第 2 位数字进行四舍五入。

⑤选定当前单元格 C3，按住填充柄拖至 C20，"计算机基础成绩表"中的"总评成绩"就汇总到了"成绩汇总表"。

※ 提示：

对于多工作表操作，在调用非当前工作表中的单元格或区域时，单元格或区域的前面都加上了所在工作表的名字，中间用"!"隔开，例如"计算机基础 !I3"。

（3）按照上述同样的方法，将"PowerPoint 成绩表""常用工具软件成绩表"和"计算机基础成绩表"中的"总评成绩"分别汇总到"成绩汇总表"中相应的列中。

4.计算汇总后的成绩

计算"成绩汇总表"中的总分、平均分：

（1）利用函数计算总分：

①在"计算机基础"中，选定单元格 G3。

②单击"开始"选项卡中插入函数按钮，弹出"插入函数"对话框，如图 6-21 所示。

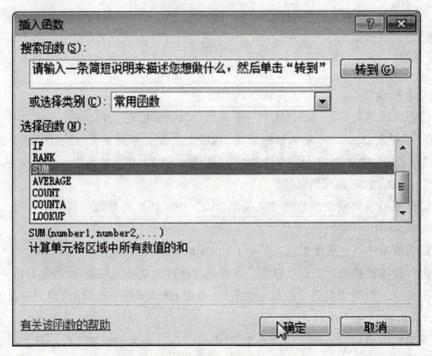

图 6-21 插入函数对话框

※ 提示：

在函数列表中，"常用函数"按最近使用的原则排列，"全部"和其他分类则按照英文字母顺序排列。常用函数中没有列出的函数可以在其他类别中查找。

③在"选择函数"列表中选择"SUM"（求和函数），单击"确定"按钮。

④在弹出的 SUM "函数参数"对话框中，第一个参数输入框中显示"C3：F3"，即默认的求和范围是 C3：F3 单元格区域，这正是我们需要求和的区域，如图 6-22 所示，单击"确定"按钮。这样就计算出了第一个学生的"总分"。

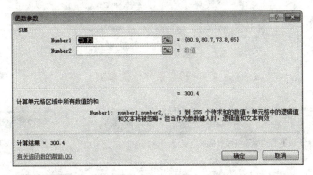

图 6-22　求和函数 SUM 参数对话框

注意：

在"函数参数"对话框中，如果默认的计算区域不正确，则删除参数输入框中的内容，然后用鼠标在工作表中选定正确的计算区域，或者直接在参数输入框中输入单元格区域，在本例中就可直接输入"C3：F3"。

⑤利用填充柄，将 G3 的总分计算公式复制到 G4：G20 区域。

（2）选定 H3，利用 AVERAGE 函数计算平均分，函数参数为 C3：F3。利用填充柄，将 H3 的平均分计算公式复制到 H4：H20 区域。

（3）将 C、D、E、F、G、H 各列数据（即 C3：H20 区域）的小数位设置为 1 位。

5. 利用条件格式，突出显示不及格和优秀的成绩：将单科成绩和平均分大于 90 的分数用"红色边框"突出显示，将单科成绩和平均分中 60 分以下（即不及格）的分数用"浅红色填充深红色文本"突出显示

（1）同时选定 C3：F20 和 H3：H20 两个不连续的单元格区域：先选定 C3：F20 单元格区域，再按住【Ctrl】键的同时选定 H3：H20 单元格区域。

（2）单击"开始"→"条件格式"下拉按钮，在下拉菜单中选择"突出显示单元格规则"的下一级"大于（G）…"命令，弹出"大于"对话框，在对话框左侧输入框中输入 90，在右侧下拉列表中选择"红色边框"，如图 6-23、图 6-24 所示。

图 6-23　条件格式规则

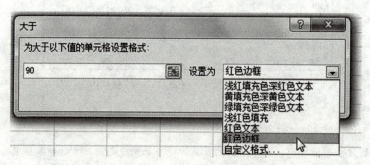

图 6-24　条件格式"大于"规则对话框

（3）按照相同的方法，使用"小于"规则，将单科成绩和平均分中 60 分以下（即不及格）的分数用"浅红色填充深红色文本"突出显示。

6.计算各科的"人平分""最高分""最低分"

（1）选定 A21：B21 连续两个单元格，单击"开始"→"合并后居中"工具，在合并后的单元格中输入"人平分"。用同样的方法合并 A22：B22、A23：B23，在合并后的相应单元格中输入"最高分""最低分"，如图 6-20 所示。

（2）利用 AVERAGE 函数，在 C21 单元格中计算 C3：C20 单元格区域的平均值，按住 C21 单元格的填充柄，向右拖至 H21。将 C21：H21 单元格区域的数据小数位设置为 1 位。

（3）求各科的"最高分"

① 单击 C22 单元格。

② 单击"开始"→"编辑"命令组中"∑自动求和"右侧下拉按钮，在下拉列表中选择"最大值"，这样就在 G3 单元格中自动插入了求最大值函数 MAX，在 C22 单元格中自动显示"=MAX（C3：C21）"，选取 C3：C20 区域，单击编辑栏左侧输入按钮√确认。

> **注意：**
> 此函数自动选取的参数区域比本例中所要求最大值的区域稍大，所以要重新选取 C3：C20 区域。

③按住 C22 单元格的填充柄，向右拖至 H22。

（4）用类似的方法求各科的"最低分"

与求"最高分"不同的是，单击"Σ 自动求和"右侧下拉按钮，选择下拉列表中的"最小值"，用 MIN 函数。

（5）将 H21：H23 区域的数据小数位设置为 1 位。

7．确定等级

根据每个学生的平均分确定分数所属等级，操作步骤如下：

（1）选定 I3 单元格，插入 IF 函数。弹出 IF 函数"函数参数"对话框。

（2)在 IF 函数对话框中，第一个参数输入框中输入"H3>=85"，第二个参数输入"优秀"。如图 6-25 所示。

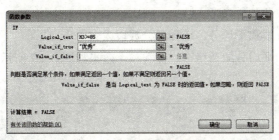

图 6-25　IF 函数对话框

（3）单击第三个参数输入框，在编辑栏左边的函数下拉列表中再次选择 IF 函数（即 IF 函数嵌套使用），又弹出一个 IF"函数参数"对话框，在新的对话框中第一个参数输入"H3>=60"，第二个参数输入"及格"，第三个参数输入"不及格"，如图 6-26 所示，单击"确定"。

此时编辑栏中的公式为"=IF（H3>=85," 优秀 ",IF（H3>=60," 及格 "," 不及格 "))"。

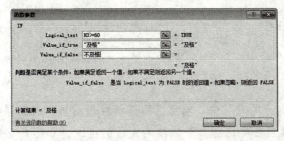

图 6-26　IF 函数（嵌套）对话框

（4）利用填充柄，将 I3 单元格的公式复制到 I4：I20 区域。

【任务小结】

在任务 2 中，我们利用多工作表操作完成了成绩的汇总；使用条件格式突出显示符合条件的数据；使用相应函数进行总分、平均分、最大值、最小值的计算和统计；使用 IF 函数根据分数来确定不同的等级。

【知识巩固】

1.阅读辅助教材的第六章中相关内容。

2.做辅助教材第六章相关习题。

任务 3　处理成绩汇总表

【任务描述】

1.对"成绩汇总表"进行如下操作：

（1）按"平均分"降序对全班同学的平均分进行排名次（计算排位）。

（2）统计全班人数和各科参考人数。

（3）针对各单科成绩和平均分，统计各分数段人数。

（4）计算各单科和平均分的及格率、优秀率。效果如图 6-27 所示。

成绩汇总表

编号	姓名	计算机基础	PowerPoint应用	常用工具软件	综合项目任务	总分	平均	等级评价	名次
00137001	吴伟明	80.9	80.7	73.8	65.0	300.4	75.1	及格	11
00137002	李靖	85.6	64.5	82.1	71.2	303.4	75.9	及格	10
00137003	韩云云	80.8	86.9	90.1	85.1	342.9	85.7	优秀	2
00137004	王鹏	87.8	79.2	75.1	81.6	323.7	80.9	及格	5
00137005	李国敏	66.0	70.2	75.9	80.2	292.3	73.1	及格	13
00137006	张京生	59.1	68.1	72.6	69.3	269.1	67.3	及格	16
00137007	陈建平	69.8	62.4	63.6	84.0	279.8	70.0	及格	15
00137008	许巍	83.2	82.2	87.0	73.5	325.9	81.5	及格	4
00137009	黄佳俊	74.7	90.0	64.5	82.1	311.3	77.8	及格	7
00137010	刘佳	83.2	66.0	73.8	67.0	290.0	72.5	及格	14
00137011	万少峰	55.2	58.0	63.0	51.4	227.6	56.9	不及格	18
00137012	李丹妮	77.5	72.6	76.3	81.3	307.7	76.9	及格	8
00137013	蔡晓峰	95.0	92.7	89.1	88.4	365.2	91.3	优秀	1
00137014	高力杰	66.7	62.2	70.7	63.7	263.3	65.8	及格	17
00137015	蒋佳科	90.1	58.6	77.3	73.1	299.1	74.8	及格	12
00137016	许聪敏	89.1	74.3	65.5	77.4	306.3	76.6	及格	9
00137017	刘雨露	86.7	69.2	86.2	89.0	331.1	82.8	及格	3
00137018	刘思嘉	89.6	69.1	80.7	78.7	318.1	79.5	及格	6
人平分		78.9	72.6	76.0	75.7	303.2	75.8		
最高分		95.0	92.7	90.1	89.0	365.2	91.3		
最低分		55.2	58.0	63.0	51.4	227.6	56.9		
全班人数		18							
参考人数		18	18	18	18				
各分数段人数统计	85～100人数	7	3	4	3				
	60～85人数	9	13	14	14				
	60以下人数	2	2	0	1				
及格率		88.9%	88.9%	100.0%	94.4%				
优秀率		38.9%	16.7%	22.2%	16.7%				

图 6-27　成绩汇总表效果图

3.在"成绩分析统计图表"中，创建三维簇状柱形图显示四门课程各分数段人数；创建三维饼图显示综合项目任务课程各分数段的人数的组成，如图 6-28、图 6-29 所示。

成绩分析统计图表				
课程	计算机基础	PowerPoint应用	常用工具软件	综合项目任务
85～100人数	7	3	4	3
60～85人数	9	13	14	14
60以下人数	2	2	0	1

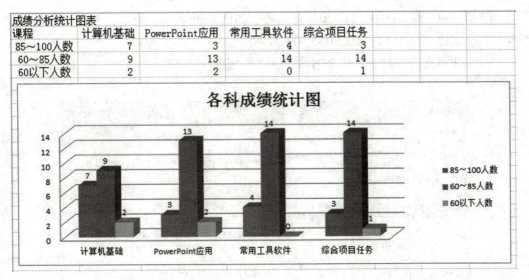

图 6-28　各科综合分析统计图表（三维簇状柱形图）

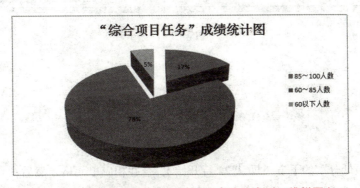

图 6-29　综合项目任务分析统计图表（分离型三维饼图）

【相关知识】

1.RANK、COUNTA、COUNT、COUNTIF、SUMIF 等函数

2.选择性粘贴

3.图表

【任务实现】

1.排名次

按平均分对全班同学进行排名，操作步骤如下：

（1）选定 J3 单元格，插入 RANK 函数，弹出 RANK "函数参数" 对话框。

（2）在 Number 输入框中，选 H3 单元格或直接输入 "H3"。

（3）在 Ref 输入框中，选定 H3：H20 单元格区域，然后把 H3：H20 改为 $H$3：$H$20。

（4）在 Order 输入框中，输入 0 或者忽略，如图 6-30 所示。单击"确定"按钮。此时编辑栏的公式为："=RANK（H3,$H$3：$H$20,0）"。

（5）利用填充柄将 J3 的公式复制到 J4 到 J20 区域。

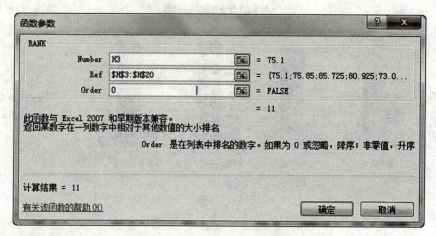

图 6-30 RANK 函数对话框

※ **提示：**

在使用 RANK（ ）函数时，第二个参数是参与排名的整个数据区域 H3： H20，在公式复制的时候要求保持不变，所以这里采用单元格区域的绝对引用，故改为 $H$3：$H$20。

2.统计人数

（1）在"最低分"的下方（即从 24 行开始），合并相应单元格，然后在合并的单元格中依次输入"全班人数""参考人数""85 ~ 100 人数""60 ~ 85 人数""60 以下人数""及格率""优秀率"，如图 6-27 所示。

（2）统计全班人数（根据姓名统计）

选定 C24 单元格，插入 COUNTA 函数，在函数对话框中的参数输入框中选择 B3：B20 区域（即姓名所在列），单击"确定"。

编辑栏中显示计算公式为"=COUNTA（B3：B20）"。

（3）统计各科的参考人数（根据各科分数统计）

①先统计"计算机基础"科的参考人数：选定 C25 单元格，插入 COUNT 函数，在函数参数输入框中选择 C3：C20 区域（即"计算机基础"所在列），单击"确定"按钮。

编辑栏中显示计算公式为"=COUNT（C3：C20）"。

②利用填充柄向右拖曳，将公式复制到 D25：F25 区域。

（4）统计各分数段人数：

①选定 C26 单元格，插入 COUNTIF 函数，弹出 COUNTIF"函数参数"对话框，在相

应参数输入框中分别输入"C3：C20""＞=85"，如图 6-31 所示，单击"确定"按钮。此时，编辑栏中公式显示为"=COUNTIF（C3：C20,"＞=85"）"。利用填充柄将公式复制到 D26：F26 区域。

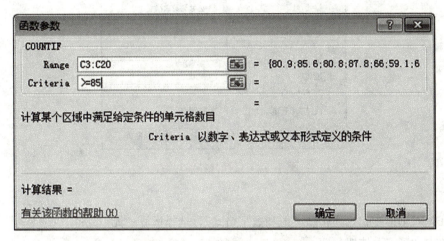

图 6-31　COUNTIF 函数对话框

②选定 C27 单元格，在编辑栏中直接输入公式"=COUNTIF（C3：C20,"＞=60"）-C26"，回车确认。利用填充柄将公式复制到 D27：F27 区域。

③选定 C28 单元格，在编辑栏中直接输入公式"=COUNTIF(C3：C20," ＜60"）"，回车确认。利用填充柄将公式复制到 D28：F28 区域。

3. 分析成绩，计算各单科和平均分的及格率、优秀率

（1）计算及格率：选定 C29 单元格，在编辑栏中直接输入公式"=SUM（C26：C27）/C25"，回车确认。利用填充柄将公式复制到 D29：F29 区域。

（2）计算优秀率：选定 C30 单元格，在编辑栏中直接输入公式"=C26/C25"，回车确认。利用填充柄将公式复制到 D30：F30 区域。

（3）设置百分比格式：选定 C29：F30 单元格区域，利用单元格格式工具设置该区域的格式为"百分比"格式，小数位数设置为 1。

4. 创建制作成绩分析图表

在"成绩分析统计图表"工作表中，创建四门课程综合分析统计图表和以"综合项目任务"为例的单科分析统计图表，如图 6-28、图 6-29 所示。

（1）从"成绩汇总表"工作表中复制需要分析的统计数据。

①在"成绩汇总表"工作表中选定 B26：F28 单元格区域，单击右键复制。

②单击"成绩分析统计图表"工作表标签，在该工作表中选定 A3 单元格。

③单击右键，选择"选择性粘贴"菜单命令，弹出"选择性粘贴"对话框。如图 6-32 所示。

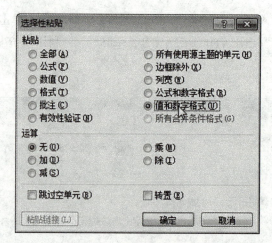

图 6-32 选择性粘贴对话框

④在该对话框中，选择粘贴"值和数字格式"，选择运算"无"。

⑤单击"确定"按钮。

⑥在第 1、2 行输入表格标题和课程名称等相关数据，适当调整各列的宽度，使每个单元格都能完整显示其内容，如图 6-28 所示。

（2）创建各科成绩综合分析统计图（三维簇状柱形图）

①选择 A2：E5 区域，单击"插入"→"图表"中"柱形图"下拉按钮，选择三维簇状柱形图，如图 6-33 所示。这样就创建了一个没有标题的三维簇状柱形图。

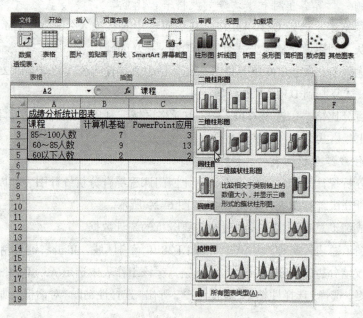

图 6-33 插入图表

②添加图表标题：选择刚创建的图表，在图表工具的"布局"选项卡中单击"图表标题"，在下拉选项中选择"图表上方"，这样就在图表上方显示"图表标题"，将图标标题修改为"各科成绩统计图"，如图 6-28 所示。

③添加数据标签：在图表工具的"布局"选项卡中单击"数据标签"，在下拉选项中选择"其他数据标签选项（M）…"，弹出"设置数据标签格式"对话框，如图 6-34 所示。

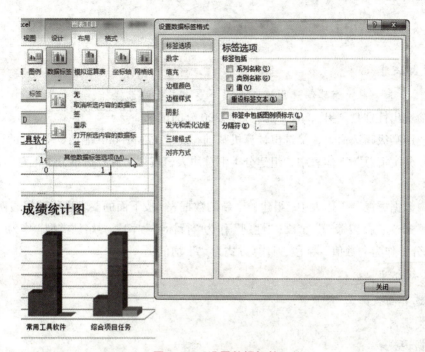

图 6-34　设置数据标签

在标签选项下方勾选"值"，关闭对话框，这样就在每个柱形的上方都显示一个数据标签，如图 6-28 所示。

（3）创建"综合项目任务"分析统计图（分离型三维饼图）

①选择 A2:A5 和 E2:E5 两个不连续区域，单击"插入"→"图表"中"饼图"下拉按钮，选择分离型三维饼图。这样就创建了一个含有标题的分离型三维饼图，将标题改为"综合项目任务成绩统计图"。

②添加数据标签：在图表工具的"布局"选项卡中单击"数据标签"，在下拉选项中选择"其他数据标签选项（M）…"，弹出"设置数据标签格式"对话框，在标签选项下方勾选"百分比"，取消勾选"值"，关闭对话框，这样就在每个扇形内部都显示一个百分比数据标签，如图 6-29 所示。

【任务小结】

在任务 3 中，我们用 RANK 函数按平均分进行了排名，用 COUNTA 和 COUNT 函数分别统计了全班人数和参考人数，用 COUNTIF 函数统计了各分数段的人数。用两种类型的图表对成绩表中各分数段人数进行了分析统计。

【知识巩固】

1. 阅读辅助教材的第六章中相关内容。

2. 做辅助教材第六章相关习题。

任务 4　综合分析成绩表

【任务描述】

1. 在"筛选"中，组建筛选用表，按以下要求进行筛选操作：

（1）筛选出性别是"男"，且"总分" >=300 分的记录。

（2）使用高级筛选命令，筛选出计算机基础 >85 或 PowerPoint 应用 >=85 分的记录。

2. 在"分类汇总"工作表中，组建分类汇总用表，按"来源"进行分类汇总，汇总每门课程的平均分。

3. 在"数据透视"工作表中，组建一个新的数据表，按下面的要求进行数据透视和分析："来源"作为"报表筛选"字段；"性别"作为"行标签"字段；"培训类型"作为"列标签"字段；"总分"作为"数值"字段，计算方式为"平均值"。

【相关知识】

1. 筛选和高级筛选

2. 分类汇总

3. 数据透视表

【任务实现】

1. 筛选符合条件的记录

（1）在"筛选"工作表中组建新表

①将"成绩汇总表"中 A1:J20 区域数据复制到"筛选"工作表中 A1 开始的区域：使用"选择性粘贴"，在选择性粘贴选项中选取"值和数字格式"；在"姓名"列后面插入一列"性别"，该列数据从"花名册"中复制；将数据表的标题改为"筛选用表"。

②将 A1：K20 区域数据复制到 A24 单元格开始的区域，将该区域（A24：K43）数据表的标题改为"高级筛选用表"。

（2）筛选出性别是"男"，且"总分" >=300 分的记录：

①单击 A1：J20 数据区域任一单元格，单击"开始"→"排序和筛选"→"筛选"命令，在数据表每一栏目的右侧出现下拉按钮——即筛选按钮。这种筛选方式也叫自动筛选。

②点击"性别"栏筛选按钮，在下拉列表框中取消"全选"，勾选"男"，如图 6-35 所示。单击"确定"按钮，即筛选出性别为男的所有记录。

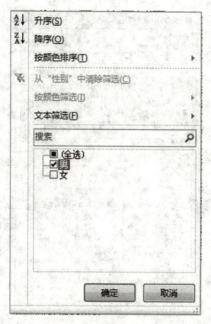

图 6-35　筛选下拉框

③点击"总分"栏筛选按钮，在下拉列表框中选择"数字筛选"→"大于或等于"，弹出"自定义自动筛选方式"对话框，如图 6-36、图 6-37 所示。在"大于或等于"右侧输入"300"，单击确定。这样就在原来数据表的位置显示筛选后符合条件的记录，其他不符合条件的记录被隐藏起来，如图 6-38 所示。

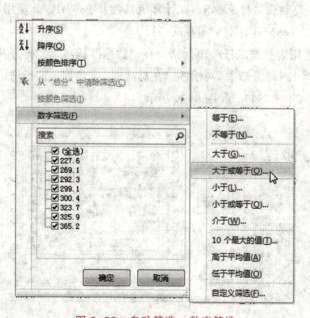

图 6-36　自动筛选 - 数字筛选

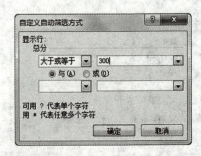

图 6-37　"自定义自动筛选方式"对话框

2	编号	姓名	性别	计算机基	PowerPoint应	常用工具软	综合项目任	总分	平均	等级评	名次
3	00137001	吴伟明	男	80.9	80.7	73.8	65.0	300.4	75.1	及格	11
6	00137004	王鹏	男	87.8	79.2	75.1	81.6	323.7	80.9	及格	5
10	00137008	许巍	男	83.2	82.2	87.0	73.5	325.9	81.5	及格	4
15	00137013	蔡晓峰	男	95.0	92.7	89.1	88.4	365.2	91.3	优秀	1

图 6-38　自动筛选结果（"性别 = 男"且"总分 >=300"）

※　提示：

在筛选按钮下拉对话框中选取"从……中清除筛选"选项，可以清除该列的筛选条件；再次单击"开始"→"排序和筛选"→"筛选"命令，可以清除数据中所有筛选按钮。使用排序和筛选下拉列表中"清除"命令，可以清除当前数据列表中排序和筛选状态。

（3）用高级筛选，筛选出计算机基础 >85 分或 PowerPoint 应用 >=85 分的记录，操作步骤如下：

①将 A25：K25 复制到 A45：K45，在计算机基础和 PowerPoint 应用所在列下方单元格 D46、E47 分别填入 ">=85"（注意：不在同一行）。

②单击高级筛选用表数据区任一单元格，在"数据"选项卡"排序和筛选"命令组中，单击"高级"命令，弹出"高级筛选"对话框。在对话框中，将列表区域选定为 $A$25:$K$43，将条件区域选定 $D$45：$E$47。如图 6-39 所示。

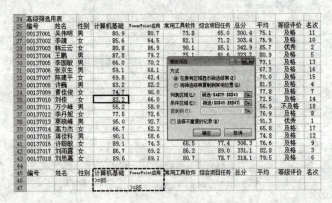

图 6-39　高级筛选

③确定。即得到如图 6-40 所示的高级筛选的结果。

25	编号	姓名	性别	计算机基础	PowerPoint应用	常用工具软件	综合项目任务	总分	平均	等级评价	名次
27	00137002	李靖	女	85.6	64.5	82.1	71.2	303.4	75.9	及格	10
28	00137003	韩云云	女	80.8	86.9	90.1	85.1	342.9	85.7	优秀	2
29	00137004	王鹏	男	87.8	79.2	75.1	81.6	323.7	80.9	及格	5
34	00137009	黄佳俊	女	74.7	90.0	64.5	82.1	311.3	77.8	及格	7
38	00137013	蔡晓峰	男	95.0	92.7	89.1	88.4	365.2	91.3	优秀	1
40	00137015	蒋佳科	男	90.1	58.6	77.3	73.1	299.1	74.8	及格	12
41	00137016	许聪敏	女	89.1	74.3	65.5	77.4	306.3	76.6	及格	9
42	00137017	刘雨露	女	86.7	69.2	86.2	89.0	331.1	82.8	及格	3
43	00137018	刘思嘉	女	89.6	69.1	80.7	78.7	318.1	79.5	及格	6

图 6-40　高级筛选结果（计算机基础 >85 或 PowerPoint 应用 >=85）

2.分类汇总（按"来源"进行分类汇总，汇总各科的平均分）

（1）在"分类汇总"工作表中组建新表

将"成绩汇总表"中 A1：J20 区域数据复制到"分类汇总"工作表中 A1 开始的区域：使用"选择性粘贴"，在选择性粘贴选项中选取"值和数字格式"；将"花名册"中来源的数据复制在当前工作表 K 列，将数据表的标题改为"分类汇总用表"。

（2）将数据区按"来源"进行升序排序：选定"来源"列任一单元格，单击"开始"→"排序和筛选"→"升序"命令。

（3）单击数据区任意单元格，单击"数据"→"分类汇总"菜单命令，弹出"分类汇总"对话框。

（4）在"分类汇总"对话框中，分类字段选择"来源"，汇总方式选择"平均值"，选定汇总项(勾选)：计算机基础、PowerPoint 应用、常用工具软件、综合项目任务。如图 6-41 所示。

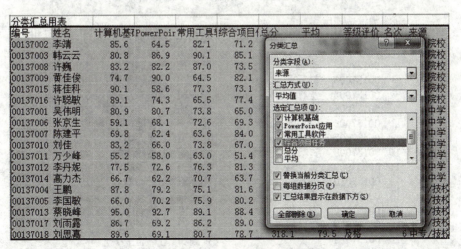

图 6-41　分类汇总对话框

（5）单击"确定"按钮，即得到分类汇总结果，将汇总结果数据小数位都设置为 1 位。如图 6-42 所示。

编号	姓名	计算机基础	PowerPoint	常用工具	综合项目	总分	平均	等级评价	名次	来源	
										分类汇总用表	
00137002	李靖	85.6	64.5	82.1	71.2	303.4	75.9	及格	10	高职院校	
00137003	韩云云	80.8	86.9	90.1	85.1	342.9	85.7	优秀	2	高职院校	
00137008	许巍	83.2	82.2	87.0	73.5	325.9	81.5	及格	4	高职院校	
00137009	黄佳俊	74.7	90.0	64.5	82.1	311.3	77.8	及格	7	高职院校	
00137015	蒋佳科	90.1	58.6	77.3	73.1	299.1	74.8	及格	12	高职院校	
00137016	许聪敏	89.1	74.3	65.5	77.4	306.3	76.6	及格	9	高职院校	
		83.9	76.1	77.8	77.1					高职院校	平均值
00137001	吴伟明	80.9	80.7	73.8	65.0	300.4	75.1	及格	11	普通中学	
00137006	张京生	59.1	68.1	72.6	69.3	269.1	67.3	及格	16	普通中学	
00137007	陈建平	69.8	62.4	63.6	84.0	279.8	70.0	及格	15	普通中学	
00137010	刘佳	83.2	66.0	73.8	67.0	290.0	72.5	及格	14	普通中学	
00137011	万少峰	55.2	58.0	63.0	51.4	227.6	56.9	不及格	18	普通中学	
00137012	李丹妮	77.5	72.6	76.3	81.3	307.7	76.9	及格	8	普通中学	
00137014	高力杰	66.7	62.2	70.7	63.7	263.3	65.8	及格	17	普通中学	
		70.3	67.1	70.5	68.8					普通中学	平均值
00137004	王鹏	87.8	79.2	75.1	81.6	323.7	80.9	及格	5	中专/技校	
00137005	李国敏	66.0	70.2	75.9	80.2	292.3	73.1	及格	13	中专/技校	
00137013	蔡晓峰	95.0	92.7	89.1	88.4	365.2	91.3	优秀	1	中专/技校	
00137017	刘雨露	86.7	69.2	86.2	89.0	331.1	82.8	及格	3	中专/技校	
00137018	刘思嘉	89.6	69.1	80.7	78.7	318.1	79.5	及格	6	中专/技校	
		85.0	76.1	81.4	83.6					中专/技校	平均值
		78.9	72.6	76.0	75.7					总计平均值	

图6-42　分类汇总对话框

※　提示：

在进行分类汇总时，应先以分类字段为关键字对该工作表数据进行排序，然后再进行分类汇总。否则分类汇总的结果很凌乱，达不到分类的效果。

3.建立数据透视表

（1）在"数据透视"工作表中，组建一个新的数据表，从"花名册"中复制学号、姓名、性别、培训类型、来源共5列数据，从"成绩汇总表"中复制"总分"一列数据（使用选择性粘贴，粘贴选项"值和数字格式"），得到了如图6-43所示的数据表。

	A	B	C	D	E	F
1	数据透视用表					
2	编号	姓名	性别	培训类型	来源	总分
3	00137001	吴伟明	男	普及班	普通中学	300.4
4	00137002	李靖	女	普及班	高职院校	303.4
5	00137003	韩云云	女	提高班	高职院校	342.9
6	00137004	王鹏	男	提高班	中专/技校	323.7
7	00137005	李国敏	男	普及班	中专/技校	292.3
8	00137006	张京生	男	普及班	普通中学	269.1
9	00137007	陈建平	女	普及班	普通中学	279.8
10	00137008	许巍	男	提高班	高职院校	325.9
11	00137009	黄佳俊	女	普及班	高职院校	311.3
12	00137010	刘佳	女	提高班	普通中学	290.0
13	00137011	万少峰	男	普及班	普通中学	227.6
14	00137012	李丹妮	女	普及班	普通中学	307.7
15	00137013	蔡晓峰	男	普及班	中专/技校	365.2
16	00137014	高力杰	女	提高班	普通中学	263.3
17	00137015	蒋佳科	男	提高班	高职院校	299.1
18	00137016	许聪敏	女	提高班	高职院校	306.3
19	00137017	刘雨露	女	普及班	中专/技校	331.1
20	00137018	刘思嘉	女	提高班	中专/技校	318.1

图6-43　新建的数据透视用表

（2）在"数据透视"工作表中，单击数据区任一单元格，单击"插入"→"数据透视表"命令，弹出创建数据透视表对话框，如图 6-44 所示。在该对话框中，选择要分析的数据，默认为当前工作表的 A2：F20 区域，即虚线框区域，选择放置数据透视表的位置，默认为新工作表。两项均选择默认值，单击确定。

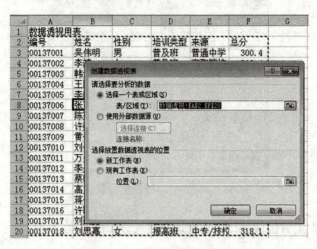

图 6-44　创建数据透视表对话框

（3）此时在"数据透视"工作表之前插入了一张新的工作表，在新工作表右侧"数据透视表字段列表"区域进行以下布局：

将该区域上方的"来源"字段拖入下方的"报表筛选"区；

将该区域上方的"性别"字段拖入下方的"行标签"区；

将该区域上方的"培训类型"字段拖入下方的"列标签"区；

将该区域上方的"总分"字段拖入下方的"数值"区。

如图 6-45 所示。

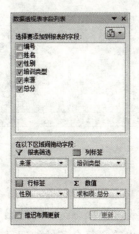

图 6-45　数据透视表列表（用于数据透视表布局）

（4）在"数据透视表字段列表"区域，单击"求和项：总分"右侧下拉按钮，在下拉菜单中"单击值字段设置…"命令，在弹出的对话框中选择"计算类型"为"平均值"；单击"数字格式"按钮，将数据区数值小数点位数设为 1 位；单击确定，如图 6-46 所示。

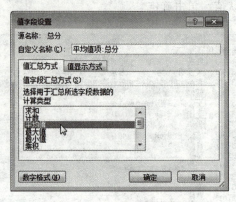

图 6-46　值字段设置对话框

在工作窗口的左上方区域得到了数据透视结果，如图 6-47 所示。

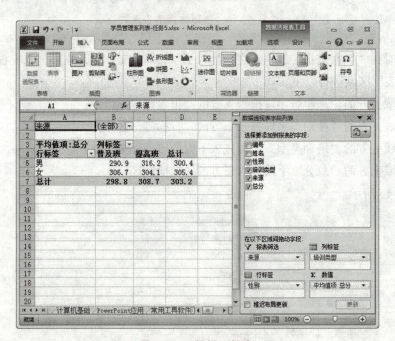

图 6-47　数据透视表

【任务小结】

在任务 4 中，我们利用自动筛选和高级筛选，筛选出了符合条件的记录，既可以筛选出符合简单条件的记录，也可以筛选出符合复合条件的记录；利用分类汇总，汇总各专业的各科成绩的平均值；利用数据透视表，从来源、性别、培训类型等多角度全方位地分析了学生总分成绩。

【知识巩固】

1. 阅读辅助教材第六章中的相关内容。

2. 做辅助教材第六章相关习题。

任务 5　打印成绩表和分析统计图表

【任务描述】

1. 将"成绩汇总表"工作表中部分数据复制到"排序后的成绩表"工作表中，然后在新表中进行排序。

2. 设置"花名册""成绩汇总表"和"成绩分析统计图表"的格式。

3. 打印花名册、成绩汇总表和成绩分析统计图表。

【相关知识】

1. 数据表排序

2. 单元格格式设置

3. 页面设置、打印设置

【任务实现】

1. 排序

（1）将"成绩汇总表"中 A1 : J20 区域的数据复制到"排序后的成绩表"工作表中 A1 开始的区域（利用"选择性粘贴"，粘贴选项选"值和数字格式"）。

（2）选定 A2 : J20 单元格区域，单击"开始"→"排序和筛选"→"自定义排序…"菜单命令（如图 6–48 所示），弹出"排序"对话框。

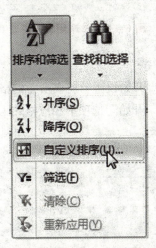

图 6–48　自定义排序菜单命令

（3）主要关键字在选择"总分"，次序选"降序"。

（4）单击"添加条件"，次关键字选择"计算机基础"，次序选"降序"，勾选"数据包含标题"，如图6-49所示。

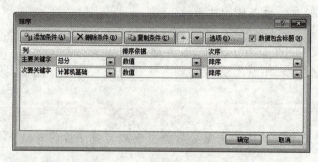

图 6-49　数据排序对话框

（5）单击"确定"按钮，即得到排序后的成绩表，将数据表标题改为"排序后的成绩汇总表"。如图6-50所示。

排序后的成绩汇总表									
编号	姓名	计算机基础	PowerPoint	常用工具软	综合项目任	总分	平均	等级评价	名次
00137013	蔡晓峰	95.0	92.7	89.1	88.4	365.2	91.3	优秀	1
00137003	韩云云	80.8	86.9	90.1	85.1	342.9	85.7	优秀	2
00137017	刘雨露	86.7	69.2	86.2	89.0	331.1	82.8	及格	3
00137008	许巍	83.2	82.2	87.0	73.5	325.9	81.5	及格	4
00137004	王鹏	87.8	79.2	75.1	81.6	323.7	80.9	及格	5
00137018	刘思嘉	89.6	69.1	80.7	78.7	318.1	79.5	及格	6
00137009	黄佳俊	74.7	90.0	64.5	82.1	311.3	77.8	及格	7
00137012	李丹妮	77.5	72.6	76.3	81.3	307.7	76.9	及格	8
00137016	许聪敏	89.1	74.3	65.5	77.4	306.3	76.6	及格	9
00137002	李靖	85.6	64.5	82.1	71.2	303.4	75.9	及格	10
00137001	吴伟明	80.9	80.7	73.8	65.0	300.4	75.1	及格	11
00137015	蒋佳科	90.1	58.6	77.3	73.1	299.1	74.8	及格	12
00137005	李国敏	66.0	70.2	75.9	80.2	292.3	73.1	及格	13
00137010	刘佳	83.2	66.0	73.8	67.0	290.0	72.5	及格	14
00137007	陈建平	69.8	62.4	63.6	84.0	279.8	70.0	及格	15
00137006	张京生	59.1	68.1	72.6	69.3	269.1	67.3	及格	16
00137014	高力杰	66.7	62.2	70.7	63.7	263.3	65.8	及格	17
00137011	万少峰	55.2	58.0	63.0	51.4	227.6	56.9	不及格	18

图 6-50　排序后的成绩表

2.格式化"花名册"

单击"花名册"工作表标签，开始设置"花名册"的格式：

（1）选择A1:J1区域，利用"开始"选项卡相应格式工具（如图6-51所示），将其"合并后居中"，并设置为宋体、16磅。

图 6-51　常用格式工具

（2）选择 A2：J20 区域，单击"开始"→"套用表格格式"命令，在样式列表中选择中等深浅类型的"表样式中等深浅 17"，如图 6-52 所示。图 6-53 是套用表格样式后的学员花名册。

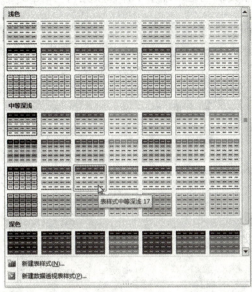

图 6-52　表样式列表

学员花名册								
编号	姓名	性别	年龄	籍贯	报到时间	培训类型	来源	联系电话
00137001	吴伟明	男	27	湖南岳阳	2013/7/5	普及班	普通中学	13900005275
00137002	李靖	女	41	湖南怀化	2013/7/5	普及班	高职院校	13900016686
00137003	韩云云	女	29	湖南岳阳	2013/7/5	提高班	高职院校	13900021235
00137004	王鹏	男	37	湖南岳阳	2013/7/5	提高班	中专/技校	13900035689
00137005	李国敏	男	26	湖南娄底	2013/7/5	普及班	中专/技校	13000113721
00137006	张京生	男	22	湖南益阳	2013/7/5	普及班	普通中学	13000052963
00137007	陈建平	女	33	湖南长沙	2013/7/5	普及班	普通中学	0731-72356789
00137008	许巍	男	28	湖南永州	2013/7/5	提高班	高职院校	13000076636
00137009	黄佳俊	男	34	湖南株洲	2013/7/5	普及班	高职院校	13000087653
00137010	刘佳	女	43	湖南湘潭	2013/7/6	提高班	普通中学	13000099019
00137011	万少峰	男	39	山东济南	2013/7/6	普及班	普通中学	13000101010
00137012	李丹妮	女	34	北京	2013/7/6	普及班	普通中学	010-82637986
00137013	蔡晓峰	男	31	辽宁大连	2013/7/6	普及班	中专/技校	13300127535
00137014	高力杰	女	25	湖北武汉	2013/7/6	提高班	普通中学	13300132408
00137015	蒋佳科	男	44	湖北咸宁	2013/7/6	提高班	高职院校	13300143986
00137016	许骁敏	女	32	广东深圳	2013/7/6	提高班	高职院校	18200151202
00137017	刘雨露	女	35	江苏南京	2013/7/6	普及班	中专/技校	18200167581
00137018	刘思嘉	女	28	四川成都	2013/7/6	提高班	中专/技校	18200176218

图 6-53　套用表格样式后的花名册

3.格式化"成绩汇总表"

单击"成绩汇总表"，设置"成绩汇总表"的格式：

（1）选择 A1：J1 区域，利用开始选项卡中相应格式工具，将其"合并后居中"，并设置为宋体、加粗、18 号字。

（2）选择 A2:J30 区域，单击"开始"选项卡"对齐方式"命令组右下角按钮，弹出"设置单元格格式"对话框。在该对话框"对齐"选项卡，水平对齐方式设置"居中"，垂直对齐方式设置"居中"，文本控制勾选"缩小字体以填充"，如图 6-54 所示。

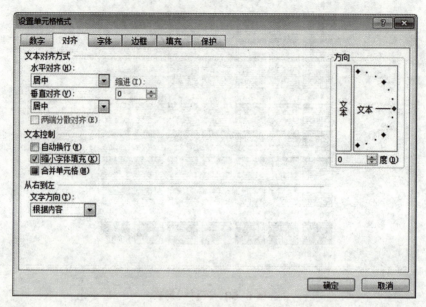

图 6-54　设置单元格格式对话框—对齐选项卡

（3）单击"边框"选项卡，先选择细实线，颜色默认是黑色，然后单击"外边框"设置外侧框线，单击"内部"设置内侧框线，如图 6-55 所示。单击"确定"按钮。

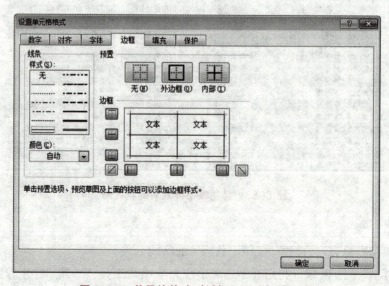

图 6-55　单元格格式对话框——边框选项卡

（4）选择标题行，单击"开始"→"格式"→"行高…"菜单命令，如图 6-56 所示，在行高对话框中将行高设置为 34（默认单位：磅）。

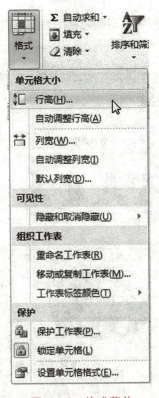

图 6-56　格式菜单

（5）其余用手动方式适当调整行高、列宽。

（6）利用格式工具中填充颜色工具，在下拉颜色列表中选择相应颜色，将 A2：J2 区域的底纹设置为"橙色，强调文字颜色 6，淡色 40%"，将 A21：J30 区域的底纹设置为"水绿色，强调文字颜色 5，淡色 60%"。

※　提示：
在列标位置同时选定若干列，手动调整列宽，这样可以使该若干列的列宽保持一致。

4.格式化"成绩分析统计图表"

（1）选定 A1：E1 单元格区域，利用格式工具，将其"合并后居中"，并设置为宋体、18 号字。适当调整第 1 行的行高。

（2）选定 A2：E5 单元格区域，利用"设置单元格格式"对话框，将其设置为水平居中、垂直居中、缩小字体以填充、加边框（内部和外边框均加）。

（3）选定 A2：E2 单元格区域，利用格式工具中填充颜色工具，在下拉颜色列表中选择相应颜色，将 A2：J2 区域的底纹设置为"橙色，强调文字颜色6，淡色40%"。其他四门课程成绩表可参照此表进行格式设置。

（4）适当调整数据表的行高列宽，调整两张图表的位置和大小，如图 6-57 所示。

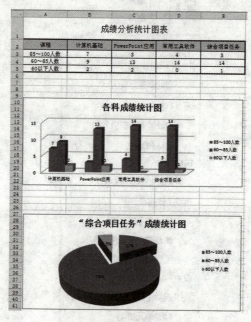

图 6-57　格式菜单

5. 打印成绩汇总表

（1）选择"成绩汇总表"为当前工作表。

（2）单击"文件"菜单→"打印"命令，则出现打印设置和预览窗口，如图 6-58 所示。

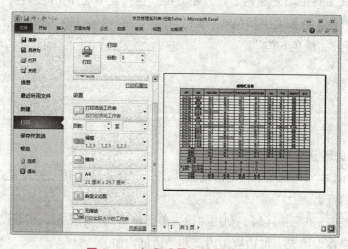

图 6-58　打印设置和预览窗口

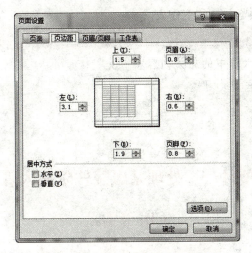

图 6-59　页面设置 – 页边距设置

（3）在打印设置栏，选择默认打印机，打印内容选"打印活动工作表"，纸张方向选"横向"，默认打印纸"A4"，单击打印栏右下角"页面设置"，弹出"页面设置"，在页边距选项卡中设置合适的页边距，如图 6-59 所示。

（4）单击"确定"按钮，则在右侧看到打印预览效果。

（5）如果连接了打印机，则可在打印设置栏上方，单击打印按钮。

6.打印成绩分析统计图表

（1）选择"成绩分析统计图表"为当前工作表。

（2）依照上述同样的方法进行页面设置和打印设置，不同之处在于，纸张方向选择"纵向"。打印设置和预览如图 6-60 所示。

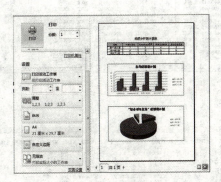

图 6-60　页面设置

【任务小结】

在任务 5 中，我们对数据表进行了多重排序；利用单元格格式设置对数据表进行了美化，包括数字类型、对齐方式、字体、边框、底纹图案、行高、列宽等方面的设置；进行了页面设置和打印设置，最后预览并打印工作表。

【知识巩固】

1. 阅读辅助教材第六章中的相关内容。

2. 做辅助教材第六章相关习题。

拓展项目一　处理某医院住院病人管理表

（医卫类）

【任务描述】

医院管理系列表包括入院登记表、费用表、出院登记表、统计分析、图表共 5 张工作表。按以下要求进行操作：

1. 参照图 6-61 ~ 图 6-63 创建工作簿、工作表，并录入原始数据。

医院管理系列表.xlsx

住院病人登记表

住院号	姓名	性别	年龄	住址	联系电话	科室	医保状况	入院时间	预交费用
14030001	李涛	男	67	名楼区	13300176212	1病室	城镇职工	5月6日	2000
14030002	王晓梅	女	59	北区	13700897126	3病室	城镇职工	5月6日	2000
14030003	高德义	男	26	北区	13400113721	2病室	城镇居民	5月6日	1500
14030004	李凤武	男	41	林江县	18900167587	3病室	城镇居民	5月6日	2000
14030005	陈自由	男	51	南山县	13700176227	4病室	新农合	5月6日	2000
14030006	张珊	女	62	南山县	13300127456	3病室	新农合	5月7日	1000
14030007	黎明珠	女	51	名楼区	13300136729	3病室	城镇职工	5月7日	2000
14030008	李晓茜	女	65	名楼区	13300143985	1病室	城镇居民	5月7日	1200
14030009	王磊石	男	54	洞庭县	18200151489	5病室	新农合	5月7日	1500
14030010	张高峰	男	58	东江县	15200052963	1病室	新农合	5月7日	1500
14030011	王某义	男	85	东区	723567896	2病室	新农合	5月7日	2000
14030012	刘启帆	男	40	北区	18900076635	4病室	城镇职工	5月7日	2000
14030013	陈米利	女	60	洞庭县	13000087650	2病室	城镇职工	5月8日	2000
14030014	陈正红	男	29	南山县	13500099018	2病室	城镇居民	5月8日	2000
14030015	胡蝶花	女	39	北区	13000101010	2病室	新农合	5月8日	1500
14030016	杨洪刚	男	32	名楼区	82637987	4病室	城镇居民	5月8日	2000
14030017	周武萍	女	53	东区	13300021236	5病室	城镇职工	5月8日	2000
14030018	钟山丰	男	59	北区	13900035612	4病室	无	5月8日	1800
14030019	马芳	女	38	名楼区	13900005273	3病室	城镇居民	5月8日	2000
14030020	徐丽莉	女	57	名楼区	13700016689	2病室	城镇职工	5月8日	2000

入院登记表　费用表　出院登记表　统计分析　图表

图 6-61　入院登记表（原始数据）

住院费用统计表

住院号	姓名	医保状况	报销比例	检查费	中药	西药	护理费	诊疗费	床位费	其他	合计	预交费用	医保报销	结余
14030001	李涛			527.2	120.5	1748.4	30	45	100	45				
14030002	王晓梅			985.9	978.2	1904.3	90	120	900	81				
14030003	高德义			775.6	111.1	3165.6	90	135	900	117				
14030004	李凤武			658.8	713.9	1424	72	108	720	38				
14030005	陈自由			230.1	865.7	3178.5	36	54	120	159				
14030006	张珊			856.5	316.6	2736.8	42	84	280	95				
14030007	黎明珠			516.5	800.5	1572.4	36	57	240	68				
14030008	李晓茜			238.8	693.8	3026.4	60	90	400	157				
14030009	王磊石			867.9	725.7	2211.4	42	63	140	101				
14030010	张高峰			310	227.7	1869.2	78	117	260	35				
14030011	王某义			835.4	931.7	1343.4	42	63	140	25				
14030012	刘启帆			985.9	88.7	1626.8	30	45	200	30				
14030013	陈米利			775.6	596.6	3034.7	30	45	100	149				
14030014	陈正红			864.1	974.1	2194.2	48	72	480	13				
14030015	胡蝶花			682.7	87.7	2014.6	48	72	320	89				
14030016	杨洪刚			967.4	587.5	2039	30	45	300	85				
14030017	周武萍			830.5	360.6	3198.8	42	63	280	18				
14030018	钟山丰			59.7	759.1	3230.7	84	126	560	46				
14030019	马芳			438.4	846.1	2522.1	54	81	180	127				
14030020	徐丽莉			47.3	137.3	1440.6	54	81	180	156				

图 6-62　住院费用统计表（原始数据）

	A	B	C	D	E	F	G	H
	出院病人登记表							
	住院号	姓名	性别	年龄	入院时间	出院时间	住院天数	转归
	14030001	李涛	男	67	5月6日	5月11日		好转
	14030002	王晓梅	女	59	5月6日	5月21日		治愈
	14030003	高德义	男	26	5月6日	5月21日		治愈
	14030004	李凤武	男	41	5月6日	5月18日		治愈
	14030005	陈自由	男	51	5月6日	5月12日		转诊
	14030006	张珊	女	62	5月7日	5月14日		治愈
	14030007	黎明珠	女	51	5月7日	5月13日		治愈
	14030008	李晓茜	女	65	5月7日	5月17日		治愈
	14030009	王磊石	男	54	5月7日	5月14日		治愈
	14030010	张高峰	男	58	5月7日	5月20日		治愈
	14030011	王某义	男	85	5月7日	5月14日		好转
	14030012	刘启帆	男	40	5月7日	5月12日		治愈
	14030013	陈米利	女	60	5月8日	5月13日		恶化
	14030014	陈正红	男	29	5月8日	5月16日		治愈
	14030015	胡蝶花	女	39	5月8日	5月16日		治愈
	14030016	杨洪刚	男	32	5月8日	5月13日		治愈
	14030017	周武萍	女	53	5月8日	5月15日		治愈
	14030018	钟山丰	男	59	5月8日	5月22日		好转
	14030019	马芳	女	38	5月8日	5月17日		治愈
	14030020	徐丽莉	女	57	5月8日	5月17日		治愈

图 6-63 出院病人登记表（原始数据）

2. 在"费用表"中计算报销比例、合计、医保报销、结余所在列，医保状况、预交费用从"入院登记表"中复制。计算公式、原则说明如下：

报销比例：城镇职工，80%；城镇居民，50%；新农合，35%；无，0%。

合计 = 检查费 + 中药 + 西药 + 护理费 + 诊疗费 + 床位费 + 其他。

医保报销 = 合计 * 报销比例。

结余 = 预交 + 医保报销 - 合计。

3. 在"出院登记表"中，计算住院天数，统计各类"转归"人数，并绘制转归人数统计比例图（图表类型：复合条饼图）。如图 6-64 所示。

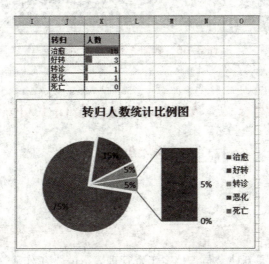

图 6-64 转归人数统计图表

4. 参照图 6-65，建立"统计分析"工作表（包含图中所列 8 个字段），并对该工作表进行数据透视。

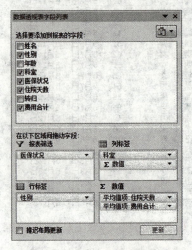

图 6-65　数据透视表字段列表

5. 参照图 6-66，建立"住院费用分析表"，并绘制住院费用分析统计图（图表类型：带数据标记的折线图）。

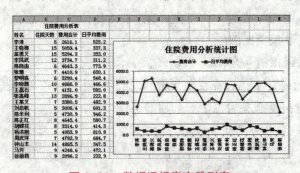

图 6-66　数据透视表字段列表

拓展项目二　处理盛华科技公司工资管理表

（经贸类）

【任务描述】

本拓展项目的任务是新建"员工档案工资管理表.xlsx"工作簿文件，参照相应效果图，

完成以下操作：（该拓展项目分为五个任务）

【任务一】

1. 参照图 6-67~ 图 6-69，在工作簿中创建"员工信息表""基本工资表""奖金补贴表""收入汇总表""分类汇总""分析统计表"，并在"工信息表""基本工资表""奖金补贴表"中录入原始数据。

	A	B	C	D	E	F	G	H
1				盛华科技公司员工信息表				
2	工号	姓名	性别	出生日期	政治面貌	部门	职称	联系电话
3	201018001	徐倩丽	女	1981/3/26	党员	办公室	中级	0755-35689616
4	201018002	刘欣	男	1985/11/23	团员	技术部	初级及以下	13912366543
5	201018003	刘艳吾	女	1976/12/10	群众	人事部	中级	15823657892
6	201018004	张晓爱	女	1972/9/15	民主党派	人事部	高级	15073016969
7	201018005	彭文徐	男	1975/8/20	党员	技术部	高级	13324632589
8	201018006	姜红韧	女	1985/3/22	群众	技术部	初级及以下	13017963251
9	201018007	武清风	男	1969/10/1	群众	技术部	高级	13737302563
10	201018008	王雅莉	女	1980/5/11	群众	总工室	中级	13328936528
11	201018009	李冬梅	女	1958/10/2	党员	技术部	高级	18693647528
12	201018010	王丽楠	女	1975/11/23	群众	办公室	中级	18973213721
13	201018011	张金生	男	1964/3/5	党员	后勤部	中级	13878603120
14	201018012	李高强	男	1986/7/25	团员	后勤部	初级及以下	18636202896
15	201018013	欧阳元香	女	1980/2/18	群众	技术部	中级	13773011259
16	201018014	陈一凯	男	1970/5/27	群众	技术部	中级	13623647535
17	201018015	李慧	女	1986/4/30	团员	办公室	初级及以下	13834569886

员工信息表　基本工资表　奖金补贴表　收入汇总表　分类汇总　分析统计表

图 6-67　员工信息表

	A	B	C	D
1		基本工资表		
2	工号	姓名	基本工资	职务工资
3	201018001	徐倩丽	1520	400
4	201018002	刘欣	1460	200
5	201018003	刘艳吾	1580	200
6	201018004	张晓爱	1650	200
7	201018005	彭文徐	2600	800
8	201018006	姜红韧	1200	200
9	201018007	武清风	1820	400
10	201018008	王雅莉	1570	200
11	201018009	李冬梅	1890	500
12	201018010	王丽楠	1450	200
13	201018011	张金生	1380	400
14	201018012	李高强	1410	200
15	201018013	欧阳元香	1500	200
16	201018014	陈一凯	1550	200
17	201018015	李慧	1660	200

图 6-68　基本工资表图

	A	B	C	D	E
1	盛华科技公司奖金补贴发放表				
2	工号	姓名	职称	奖金	补贴
3	201018001	徐倩丽	中级	540	
4	201018002	刘欣	初级及以下	480	
5	201018003	刘艳吾	中级	560	
6	201018004	张晓爱	高级	600	
7	201018005	彭文徐	高级	800	
8	201018006	姜红韧	初级及以下	500	
9	201018007	武清风	高级	720	
10	201018008	王雅莉	中级	500	
11	201018009	李冬梅	高级	600	
12	201018010	王丽楠	中级	500	
13	201018011	张金生	中级	800	
14	201018012	李高强	初级及以下	360	
15	201018013	欧阳元香	中级	540	
16	201018014	陈一凯	中级	360	
17	201018015	李慧	初级及以下	360	
18					
19		高级职称的奖金总和			

6-69　奖金补贴表原始数据

2. 在"奖金补贴表"中计算"补贴"，补贴的发放原则是：根据职称每月发放补贴，"高级"职称发放 1000 元，"中级"职称发放 800 元，"初级及以下"发放 600 元。（提示：利用 IF 函数来计算）

3. 将"基本工资表"和"奖金发放表"中相应数据汇总到"收入汇总表"。收入汇总表结构如图 6-70 所示。

	A	B	C	D	E	F	G	H	I	J	K
1						员工收入汇总表					
2	工号	姓名	基本工资	职务工资	奖金	补贴	应发工资	医保社保	个人所得税	扣款合计	实发工资
3	201018001	徐倩丽	1520	400	540	800					
4	201018002	刘欣	1460	200	480	600					
5	201018003	刘艳吾	1580	200	560	800					
6	201018004	张晓爱	1650	200	600	1000					
7	201018005	彭文徐	2600	800	800	1000					
8	201018006	姜红韧	1200	200	500	600					
9	201018007	武清风	1820	400	720	1000					
10	201018008	王雅莉	1570	200	500	800					
11	201018009	李冬梅	1890	500	600	1000					
12	201018010	王丽楠	1450	200	500	800					
13	201018011	张金生	1380	400	800	800					
14	201018012	李高强	1410	200	360	600					
15	201018013	欧阳元香	1500	200	540	800					
16	201018014	陈一凯	1550	200	360	800					
17	201018015	李慧	1660	200	360	600					
18	平均值										
19	最大值										
20	最小值										

图 6-70　收入汇总表（处理前）

【任务二】

1. 在"收入汇总表"中，计算应发工资、医保社保、个人所得税、扣款合计、实发工资各列。计算公式、原则是：

应发工资 = 基本工资 + 职务工资 + 奖金 + 补贴

医保社保 = 基本工资·9%（结果保留 1 位小数）

个人所得税的征缴原则：如果应发工资超过 3000 元，则缴纳超过部分的 5%，否则不缴纳（结果保留 1 位小数）。

扣款合计 = 医保社保 + 个人所得税（结果保留 1 位小数）

实发工资 = 应发工资 - 扣款合计（结果保留 1 位小数）

2. 统计各列的平均值、最大值、最小值。经过上述处理后的收入汇总表结果如图 6-71 所示（格式设置在后续任务中完成）。

	A	B	C	D	E	F	G	H	I	J	K
1						员工收入汇总表					
2	工号	姓名	基本工资	职务工资	奖金	补贴	应发工资	医保社保	个人所得税	扣款合计	实发工资
3	201018001	徐倩丽	1520	400	540	800	3260	136.8	13.0	149.8	3110.2
4	201018002	刘欣	1460	200	480	600	2740	131.4	0.0	131.4	2608.6
5	201018003	刘艳吾	1580	200	560	800	3140	142.2	7.0	149.2	2990.8
6	201018004	张晓爱	1650	200	600	1000	3450	148.5	22.5	171.0	3279.0
7	201018005	彭文徐	2600	800	800	1000	5200	234.0	110.0	344.0	4856.0
8	201018006	姜红韧	1200	200	500	600	2500	108.0	0.0	108.0	2392.0
9	201018007	武清风	1820	400	720	1000	3940	163.8	47.0	210.8	3729.2
10	201018008	王雅莉	1570	200	500	800	3070	141.3	3.5	144.8	2925.2
11	201018009	李冬梅	1890	500	600	1000	3990	170.1	49.5	219.6	3770.4
12	201018010	王丽楠	1450	200	500	800	2950	130.5	0.0	130.5	2819.5
13	201018011	张金生	1380	400	800	800	3380	124.2	19.0	143.2	3236.8
14	201018012	李高强	1410	200	360	600	2570	126.9	0.0	126.9	2443.1
15	201018013	欧阳元香	1500	200	540	800	3040	135.0	2.0	137.0	2903.0
16	201018014	陈一凯	1550	200	360	800	2910	139.5	0.0	139.5	2770.5
17	201018015	李慧	1660	200	360	600	2820	149.4	0.0	149.4	2670.6
18	平均值		1616	300	548	800	3264	145.4	18.2	163.7	3100.3
19	最大值		2600	800	800	1000	5200	234.0	110.0	344.0	4856.0
20	最小值		1200	200	360	600	2500	108.0	0.0	108.0	2392.0

图 6-71　收入汇总表（处理后）

【任务三】

打开"员工档案工资管理表 .xlsx"工作簿文件，完成以下操作：

1. 在员工信息表下方，利用 COUNTIF 函数分别统计各种政治面貌的人数，并用分离型三维饼图展示，如图 6-72 所示。

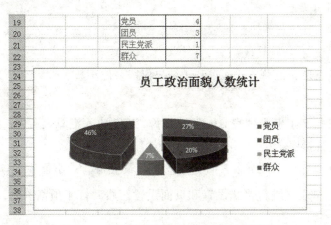

图 6-72　政治面貌人数统计的三维饼图

2. 在奖金补贴表中，统计所有具有"高级"职称员工的奖金总和，结果显示在 D19 单元格。（提示：用 SUMIF 函数）

3. 统计职工总人数。

4. 在收入汇总表中，用 RANK 函数按实发工资进行排名（降序）。

【任务四】

1. 在"分析统计表"中，建立如图 6-73 所示的数据表，表中各类数据均来源于其他工作表。

员工收入分析统计表（用于数据透视分析）						
姓名	性别	部门	职称	应发工资	扣款合计	实发工资
徐倩丽	女	办公室	中级	3260	150	3110
刘欣	男	技术部	初级及以下	2740	131	2609
刘艳吾	女	人事部	中级	3140	149	2991
张晓爱	女	人事部	高级	3450	171	3279
彭文徐	男	技术部	高级	5200	344	4856
姜红韧	女	技术部	初级及以下	2500	108	2392
武清风	男	技术部	高级	3940	211	3729
王雅莉	女	总工室	中级	3070	145	2925
李冬梅	女	技术部	高级	3990	220	3770
王丽楠	女	办公室	中级	2950	131	2820
张金生	男	后勤组	中级	3380	143	3237
李高强	男	后勤组	初级及以下	2570	127	2443
欧阳元香	女	技术部	中级	3040	137	2903
陈一凯	男	技术部	中级	2910	140	2771
李慧	女	办公室	初级及以下	2820	149	2671

图 6-73　分析统计表原始数据

2.用自动筛选,筛选出"技术部"中"实发工资"超过 3000 元的记录。

3.筛选出职称是"初级及以下"或者实发工资低于 2800 员的记录。

4.先按部门排序,然后按部门分类汇总应发工资、实发工资的平均值。

5.用数据透视表对本表进行分析,透视表产生在新工作表中,数据透视表的布局要求如下:

报表筛选:部门

行标签:性别

列标签:职称

数值项:实发工资,汇总方式:求和(结果保留一位小数)

【任务五】

1.打开"员工档案工资管理表 .xlsx"工作簿,在"收入汇总表"中,按照"实发工资"降序对员工记录进行排序。

(提示:有标题行,而且最后三行即平均值、最大值、最小值不参与排序)

2.对"收入汇总表"进行格式设置和页面设置,然后打印预览该表,如图 6-28 所示。页面设置要求如下:

(1)纸张:A4,方向:横向

(2)页边距:上、下:2.5,左、右:2.0

(3)自定义页眉:左边显示日期,右边显示文件名

(4)页脚显示"第 1 页 共 ? 页"

3.对"员工信息表"(附:政治面貌人数统计饼图)进行格式设置和页面设置,然后打印预览该表。页面设置要求如下:

(1)纸张:A4,方向:纵向

(2)页边距:上、下:2.2,左、右:1.9

(3)页眉显示"员工档案工资管理表"

(4)自定义页脚:左边显示日期,中间显示页码,右边显示文件名

拓展项目三 处理某家电超市货物销售表

(综合类)

【任务描述】

"货物销售表 .xlsx"工作簿包括桥西、桥东、中心分店销售表和汇总表共 4 张工作表,

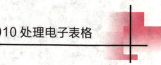

分店货物销售表（以桥西分店为例）如图 6-74 所示，货物销售汇总表如图 6-75 所示。

	A	B	C	D	E	F
1	桥西分店货物销售表					
2	品牌	种类	数量	单价	折扣	金额
3	彩虹	冰箱	52	1980		
4	海飞	冰箱	15	1680		
5	恒信	冰箱	21	2200		
6	彩虹电视	电视机	18	4560		

图 6-74　分店货物销售表（局部）

	A	B	C	D	E
1	某家电超市货物销售汇总表				
2	店名	品牌	种类	数量	金额
3	桥西分店	彩虹	冰箱	52	98600
4	桥西分店	海飞	冰箱	15	29800
5	中心店	海飞	洗衣机	16	30980
6	桥东分店	恒信	冰箱	35	56000

图 6-75　货物销售汇总表（局部）

打开"货物销售表 .xlsx"工作簿，进行如下操作处理：

1. 在各分店销售表中根据"单价"计算各种商品的"折扣"：单价 ≥ 2000 元的商品折扣为 10%，1000 元 ≤ 单价 < 2000 元的商品折扣为 5%，其他的折扣为 2%。

2. 在各分店销售表中，计算各种商品的销售金额，统计销售总额。

3. 在各分店销售表中，按"种类"分类汇总销售"金额"的总和。

4. 将各分店的销售表汇总到"汇总表"中，汇总表中的数据要求和原来各分店销售表数据不再有关联。

5. 在汇总表中，利用数据透视表分析销售数量和金额。

6. 根据数据透视表的结果（品牌、数量），用三维饼图表示各品牌的市场占有率（即销售数量的百分比）。

【要点提示】

1. 销售金额 = 单价 ·（1- 折扣）· 数量。

2. 分类汇总时，先要按"种类"排序，然后才能按"种类"分类汇总。

3. 将各分店的销售表汇总到"汇总表"时，必须采用"选择性粘贴"，只粘贴其数值。

4. 数据透视时，建议报表筛选项为"店名"，行标签为"品牌"，列标签为"种类"，数值项为"数量"和"金额"，汇总方式是"求和"。

5. 根据透视结果绘制图表时，要选择合适的数据区域，本题利用"品牌"及相应的"数量"产生合适的图表。

模块七　利用 PowerPoint 2010 制作演示文稿

Powerpoint 2010和Word 2010、Excel 2010等应用软件一样，是Microsoft公司推出的Office2010系列产品之一，能够制作出集文本、表格、图形、图片、声音、视频、动画等多媒体元素于一体的演示文稿，把用户所要表达的信息组织在一组图文并茂的画面中，广泛应用于教师授课、展示成果、专家报告、产品演示、广告宣传等各种场合。Power Point制作的演示文稿可以通过计算机屏幕或投影机播放，还可以在Internet上发布。

本章节将用制作"培训班总结汇报"演示文稿这个项目，系统地为大家讲解制作演示文稿的完整流程与软件的使用方法。

学 习 目 标

 知识目标

1.了解演示文稿和幻灯片的概念。
2.掌握幻灯片内容制作及管理的方法。
3.掌握演示文稿的放映方式。
4.掌握发布演示文稿的方法。

能力目标

1.能制作图文并茂的演示文稿。
2.能设置幻灯片切换、动画方案、自定义动画等演示文稿放映效果。
3.能放映、打印、打包演示文稿。

素质目标

1.发挥想象力和创意，学会评价作品。
2.培养发现美和创造美的能力，提高审美情趣。

项目　制作"培训班总结汇报"演示文稿

　　某市教育局举办的"多媒体课件设计与制作培训班"圆满结束，主管部门要对培训工作开展情况进行一个会议总结，在此我们利用"PowerPoint 2010"制作一个包含多种媒体的汇报演示文稿，将会议发言人的讲稿内容清晰明了地呈现给与会人员。演示文稿效果如图 7-1 所示。整个演示文稿任务制作流程：

　　1.制作文稿内容

　　（1）利用导入功能，将已经在 Word 文档中存在的文字内容，快速导入到演示文稿。

　　（2）利用版式功能，方便、快速、简单地整理好包含表格，图片的各张幻灯片内容。整理后的演示文稿包含：培训目的（文字）、培训内容（表格）、教师风采（图片、文字视频）、学员风采（成绩表、总结）、培训总结（文字）、存在不足（文字）。

　　2.美化演示文稿外观

　　（1）利用"演示文稿的主题"功能，确定文稿整体风格。

　　（2）利用"背景设置"功能，修饰文稿外观。

　　（3）利用"配色方案"功能，修饰文稿外观。

　　（4）利用"母版功能"，文字外观。

　　3.设置演示文稿动态效果

　　（1）利用切换：设置幻灯片的动态效果。

　　（2）利用动画：设置幻灯片内对象的动画效果。

　　（3）利用超链接，动作设置：设置幻灯片的播放顺序。

　　4.设置放映方式

　　5.保存并打包

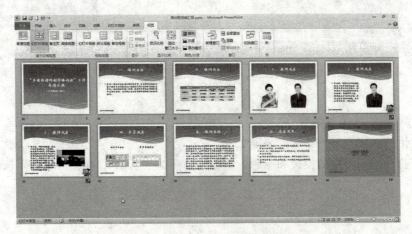

图 7-1　"培训班总结汇报"演示文稿

任务 1 创建"培训班总结汇报"演示文稿

【任务描述】

利用 PowerPoint 2010 提供的主题，新建"培训班总结汇报"演示文稿。

【相关知识】

1.PowerPoint 2010 的启动、新建、打开、保存、退出

2.PowerPoint 2010 视图方式

3.PowerPoint 2010 常用文件类型

【任务实现】

1.启动 PowerPoint 2010

单击"开始"→"程序"→"Microsoft Office"→"Microsoft Office PowerPoint 2010"菜单命令，系统会自动建立一个空白的演示文稿，如图 7-2 所示，这是 PowerPoint 2010 的基本工作窗口，是由标题组、"文件"菜单、功能选项卡、快速访问工具组、功能区、"幻灯片/大纲"窗格、幻灯片编辑区、备注窗格和状态组等部分组成。

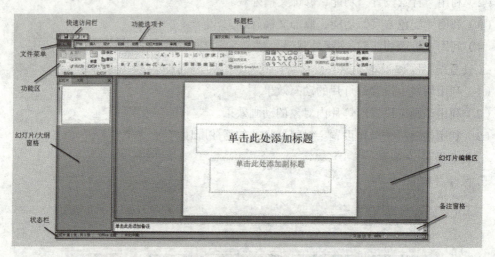

图 7-2 PowerPoint 2010 工作窗口

2.根据主题新建演示文稿

（1）单击"文件"→"新建"菜单命令

（2）在打开的"可用的模板和主题"组中（如图 7-3 所示），单击"主题"按钮

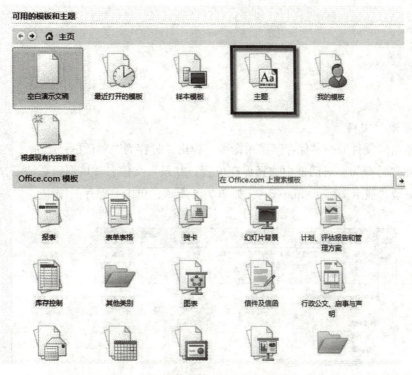

图 7-3　"根据设计主题"新建演示文稿

（3）在打开的页面中，选择所需的主题"波形"，单击"创建"按钮（如图 7-4 所示）

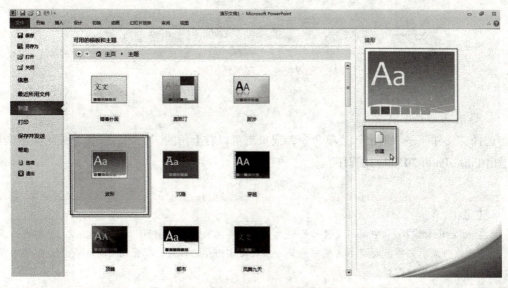

图 7-4　"选择波形主题"新建演示文稿

※ **提示：**

在制作演示文稿的过程中，使用模板或应用主题，不仅可提高制作演示文稿的速度，还能为演示文稿设置统一的背景、外观，使整个演示文稿风格统一。模板是一张幻灯片或一组幻灯片的图案或蓝图，其后缀名为 .potx。模板可以包含版式、主题颜色、主题字体、主题效果和背景样式，甚至还可以包含内容。而主题是将设置好的颜色、字体和背景效果整合到一起，一个主题中只包含这3个部分。

3.保存演示文稿

（1）单击"文件"→"保存"菜单命令，弹出"另存为"对话框。

（2）在"另存为"对话框中选择保存位置，并录入文件名"培训班总结汇报"，选择默认的保存类型"演示文稿（*.pptxx）"，如图7-5所示，单击"保存"按钮。

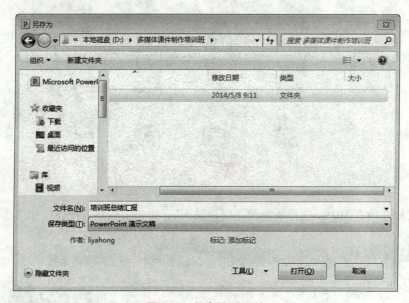

图7-5 保存演示文稿

4.退出 PowerPoint 2010

选择"文件"→"退出"菜单命令，或单击窗口右上角的"关闭"按钮，关闭演示文稿并退出 PowerPoint 2010 应用程序。

注意：

在 PowerPoint 2010 中演示文稿和幻灯片是两个不同的概念，利用 PowerPoint 2010 制作的最终整体作品叫演示文稿，而演示文稿中的每一张页面才叫作幻灯片，每张幻灯片都是演示文稿中相互独立又相互联系的内容。

【任务小结】

在本次本任务中，我们用演示文稿"主题"功能，快速创建了一个具有一定风格的新演示文稿，此演示文稿拥有 1 张幻灯片。

同时掌握了演示文稿保存、退出的基本操作。

【拓展任务】

某旅游公司导游小王，需要给游客讲解四川卧龙自然保护区珍贵的国宝动物大熊猫，小王为了解说精彩，吸引人，选择了用演示文稿辅助解说。

1. 创建演示文稿：创建一个空白演示文稿。

2. 保存演示文稿：以"卧龙自然保护区介绍 .pptx"文件名保存，结果如图 7-6 所示。

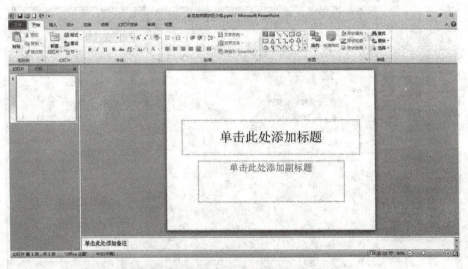

图 7-6　创建"空白"演示文稿

【知识回顾】

阅读教材第七章 7.1 节的内容，做第七章相关习题。

任务 2 编辑"培训班总结汇报"演示文稿

【任务描述】

对任务 1 中新建的演示文稿进行编辑，包括两个部分：一是对每张幻灯片中的内容进行编辑操作，添加图片、艺术字、声音、视频等等；二是对演示文稿中的幻灯片进行插入、删除、移动、复制等操作。

【相关知识】

1. 幻灯片的插入、复制、移动、删除
2. 版式

3.页眉和页脚

【任务实现】

1.从 Word 中导入文字内容到 Powerpoint 演示文稿。

从已有的"结业典礼发言稿 .docx"文档中导入文字到演示文稿中。

（1）打开任务 1 制作的"培训班总结汇报 .pptx"演示文稿。

（2）打开"开始"选项卡，在功能区"幻灯片"组中，单击"新建幻灯片"按钮，在弹出的菜单项中选择"幻灯片（从大纲）"菜单命令，弹出"插入大纲"对话框。

（3)在打开对话框的"查找范围"下拉菜单中打开"结业典礼发言稿 .docx"文档所在位置，单击选中该文档，点击"插入"按钮，如图 7-7 所示。

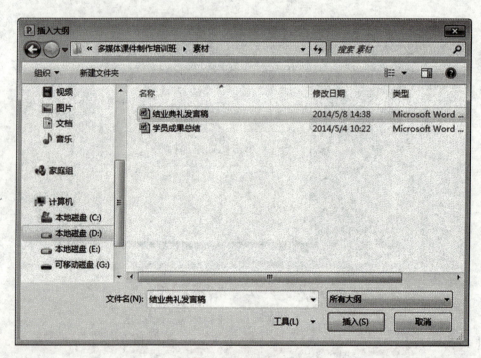

图 7-7　插入大纲

2.删除幻灯片

由于 Word 中的表格和图片无法正常导入至演示文稿中，所以我们需要删除原始表格内文字、图片所占用的幻灯片以及多余的空白幻灯片，这里我们在"幻灯片浏览视图"下删除幻灯片。

（1）打开"视图"选项卡，在功能区的"演示文稿视图"组中单击"幻灯片浏览"按钮，切换至"幻灯片浏览"视图，如图 7-8 所示。

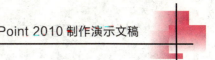

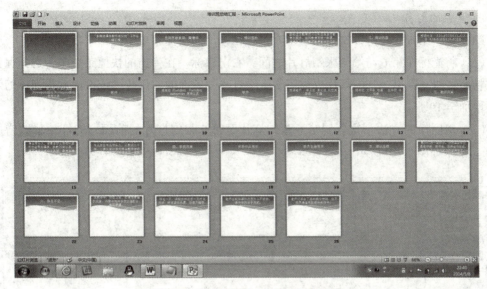

图 7-8 切换至"幻灯片浏览视图"

（2）同时选中第 1、7~13 张幻灯片，在其中一张幻灯片上右击鼠标，单击"删除幻灯片"菜单命令，如图 7-9 所示，即删除选中幻灯片，删除后的演示文稿包含 18 张幻灯片。

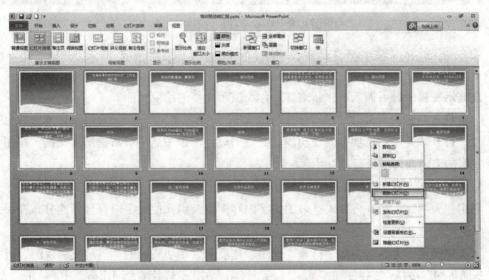

图 7-9 在"幻灯片浏览视图"下删除幻灯片

※ 提示：
选定多个不连续的对象：先选定第 1 个对象，按下【Ctrl】键的同时逐个选定其他对象。

3.复制幻灯片

（1）选中第6张幻灯片，在幻灯上右击，在弹出的快捷菜单中选择"复制"。

（2）将光标在第6与第7张幻灯片之间，右击鼠标，在弹出的快捷菜单中，选择保留源格式粘贴，即复制出一张幻灯片成为第7张幻灯片，后面的幻灯片则依次向后排列，幻灯片总数增加至19张。

（3）用同样的方法再次复制第6张幻灯片至第9张幻灯片的前面，幻灯片总数增加至20张，结果如图7-10所示。

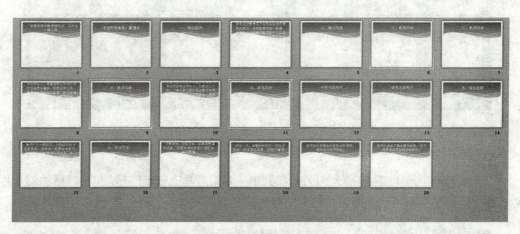

图7-10　复制幻灯片的最终结果

4.插入幻灯片

在演示文稿的最后插入一张新幻灯片作为演示文稿的结束页面。

（1）将光标定位至最后一张幻灯片的后面。

（2）打开"开始"选项卡，在功能区的"幻灯片"组中点击"新建演示文稿"按钮，在演示文稿的末尾插入一张新幻灯片。

5.调整文字内容

利用"大纲"工具，将导入进来的文字内容调整级别，使文字内容合理地分布在每张幻灯片中。

（1）切换至"大纲"窗格：打开"视图"选项卡，在功能区的"演示文稿视图"组中单击"普通视图"按钮，将视图切换回"普通"视图，在"幻灯片/大纲窗格"中，单击"大纲"标签，切换至"大纲"窗格，在这种视图方式下可以显示的是幻灯片文本的大纲，如图7-11所示。

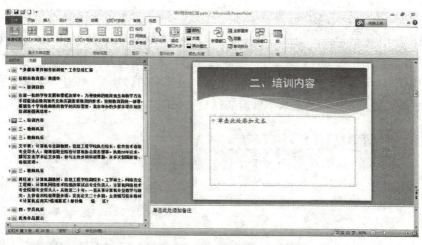

图 7-11 切换至"大纲"视图

（2）自定义快速访问工具组：单击快速访问工具组上的按钮，在弹出的菜单中，选择"其他命令"选项，在弹出的"PowerPoint 选项"设置对话框（如图 7-12 所示），加"升级""降级""折叠""展开""全部折叠""全部展开"4 个大纲整理按钮。设置完成后，结果如图 7-13 所示。

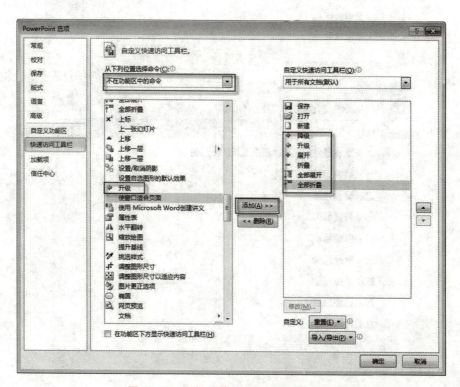

图 7-12 添加"快速访问工具组"按钮

（3）调整文字级别：在"大纲"窗格中选中第 2 张幻灯片，单击快速访问工具组上的"降级"按钮，如图 7-13 所示，将第 2 张幻灯片中的文字降级至第 1 张幻灯片中；用同样方法，按照"培训班工作总结汇报.docx 下"的一级标题分别对余下幻灯片选择性地进行"降级"操作，使演示文稿仅剩 10 张幻灯片（其中有 3 张"教师风采"幻灯片），单击"快速访工具组"上的"全部折叠"按钮，清晰地显示整理后的结果，如图 7-14 所示。

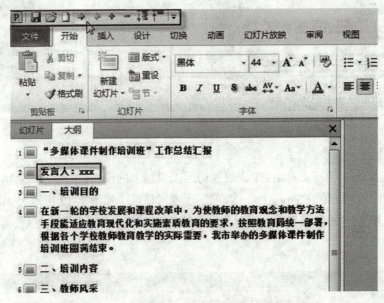

图 7-13　对文本进行"降级"操作

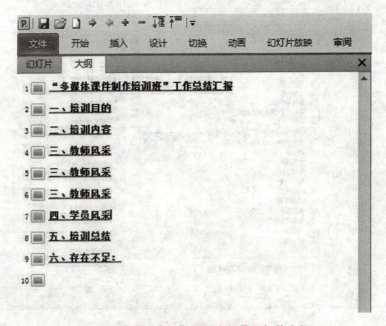

图 7-14　在"大纲"视图中折叠幻灯片大纲

6.应用版式

第 1 张幻灯片使用"标题幻灯片"版式，第 2、8、9 张幻灯片使用"标题和文本"版式，第 3 张使用"标题和内容"版式，第 4、5、6 张使用幻灯片"标题和两项内容"版式，第 7 张幻灯片使用"比较"版式，最后一张幻灯片使用"空白"版式。

（1）在普通视图下，在"幻灯片 / 大纲窗格"中，单击"幻灯片"标签，切换至"普通"视图的"幻灯片"窗格，然后选定第 1 张幻灯片。

（2）打开"开始"选项卡，在功能区"幻灯片"组，单击"版式"按钮，在弹出的波形页面中，选择"标题幻灯片"，如图 7-15 所示。

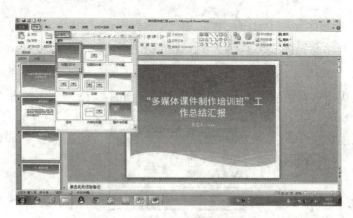

图 7-15　应用版式

（3）选定第 2、8、9 张幻灯片，应用"标题和文本"版式。

（4）选定第 3 张幻灯片，应用"标题和内容"版式。

（5）选定第 4、5、6 张，应用幻灯片"标题和两项内容"版式。

（6）选定第 7 张幻灯片，应用"比较"版式。

（7）选定最后一张幻灯片，应用"空白"版式。

7.插入表格

在第 3 张幻灯片中插入如表 7-1 所示的表格，并做适当调整。

表 7-1　　　　　　　　　　　　　　表格

授课时间		6 月 10~12 日	6 月 13~15 日	6 月 16~18 日	6 月 19~21 日
授课内容	普及班	计算机基础	Power Point 基础	Power Point 基础	常用工具软件
	提高班	Flash 基础	Flash 基础	authorware	常用工具软件
授课老师	普及班	黄 XX	刘 XX	陈 X	丁 X
	提高班	文 XX	柏 X	任 XX	兰 XX

（1）插入表格

①第3张幻灯片的内容占位符中单击"插入表格"按钮，如图7-16所示，弹出"插入表格"对话框。

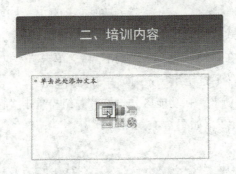

图7-16　在占位符中插入表格

②在"插入表格"对话框中输入"6列、5行"，如图7-17所示，单击"确定"按钮。

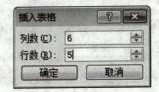

图7-17　"插入表格"对话框

③对表格进行"合并单元格"操作，结果如图7-18所示。

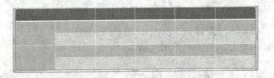

图7-18　合并单元格后的表格

（2）录入表格文字，结果如图7-19所示。

授课时间		6.10~6.12日	6.13~6.15日	6.16~6.18日	6.19~6.21日
授课内容	普及班	计算机基础	Powerpoint基础	Powerpoint基础	常用工具软件
	提高班	Flash基础	Flash基础	authorware	常用工具软件
授课地点	普及班	黄红波	刘世英	陈霞	丁磊
	提高班	文平歌	柏露	任华丽	兰云朵

图7-19　录入表格文字

（3）美化表格。

将表格的格式进行适当调整，效果如图 7-20 所示。

图 7-20　表格效果图

①修改文字大小：单击表格边框选中表格，打开"开始"选项卡，在功能区的"字体"组中，设置表格内文字的字号为"12 磅""华文楷体""加粗"。

②设置表格文字对齐方式：选定表格，在加载的"表格工具"选项卡中，打开"布局"选项卡，单击"居中""垂直居中"按钮，如图 7-21 所示。

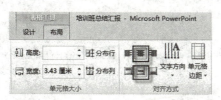

图 7-21　设置表格文字对齐方式

③调整表格到合适位置。

8.插入图片

（1）在第 4 张幻灯片中插入"文平耿 .jpg"和"黄红波 .jpg"2 张图片。

①在大纲窗格中选定第 4 张幻灯片。

②在左边内容占位符中单击"插入图片"按钮，如图 7-22 所示，弹出"插入图片"对话框。

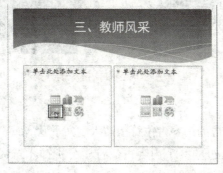

图 7-22　在占位符中插入图片

③在弹出的"插入图片"对话框中选择图片所在位置，选中"黄红波.jpg"图片，单击"插入"按钮插入图片，结果如图7-23所示。

图7-23　在左边内容占位符中插入图片

④用同样方法，在第4张幻灯片右边的内容占位符中插入"文平耿.jpg"图片，如图7-24所示。

图7-24　在右边内容占位符中插入图片

（2）在第5张幻灯片左边的内容占位符中插入"文平耿.jpg"图片。

（3）在第7张幻灯片右边的两个内容占位符中分别插入"优秀作品.jpg"和"学员总结.jpg"2张图片，效果如图7-25所示。

图 7-25 在右边内容占位符中插入图片

（4）调整"学员总结展示"文字到右边的文本占位符中，并适当调整占位符位置，如图 7-26 所示。

图 7-26 在占位符中插入图片和文本

9. 插入艺术字

在最后一张幻灯片中插入艺术字。

（1）在"幻灯片"窗格中选定最后一张幻灯片。

（2）打开"插入"选项卡，在功能区"文本"组中，单击"艺术字"按钮，在弹出的页面中，选择第 3 行第 4 列的"渐变填充 – 蓝色，强调文字 1"样式，如图 7-27 所示。

图 7-27 选择艺术字样式

（3）在生成的"占位符"中录入文字内容"谢谢"，打开"开始"选项卡，在功能卡中的"字体"组中，设置字体为"隶书"、字号为"96"磅，结果如图 7-28 所示。

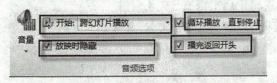

图 7-28　编辑"艺术字"

（4）适当调整艺术字位置，将艺术字移动至幻灯片正中间。

10.插入声音

给演示文稿添加一首循环播放的背景音乐。

①在普通视图下，选定第 1 张幻灯片。

②打开"插入"选项卡，在功能区中"媒体"组中，单击"音频"按钮，在弹出的菜单中，选择"文件中的声音"菜单项，打开"插入声音"对话框，在打开对话框中选择查找范围，选中"钢琴曲.mp3"文件，单击"确定"按钮。

③设置声音播放的方式：单击选定声音对象，在加载的"音频工具"选项卡中，单击"播放"标签，在打开的功能区，按下图 7-29 设置，让声音自动并且循环播放。

图 7-29　设置声音的播放方式

④编辑声音对象：用与第③步相同的方法，在"播放"选项卡中勾选"放映时隐藏"选项，如图 7-29 所示，让演示文稿页面播放效果更美观。

11.插入影片

在第 7 张教师风采幻灯片中，插入名师的教学视频。

①选定第 6 张幻灯片。

②在右侧占位符中，单击"插入媒体剪辑"按钮，弹出"插入视频"对话框，在打开的对话框中选择查找范围，选中"名师教学视频 .wmv"文件，单击"确定"按钮。

③单击选定视频对象，在加载的"视频工具"选项卡中，选择"播放"标签，在功能区按下图 7-30 设置，让影片在"单击时"开始播放。

图 7-30 设置视频的播放方式

④用与第③步相同的方法打开功能区，勾选"缩放至全屏"复选框（如图 7-30 所示），让播放更清晰。

12. 插入页眉和页脚

（1）打开"插入"选项卡，在功能区中"文本"组中，单击"页眉与页脚"按钮，弹出"页眉和页脚"对话框。

（2）在"页眉和页脚"对话框中取消勾选"日期和时间"选项，勾选"页脚""标题幻灯片中不显示"复选框，在"页脚"文本框中输入"课件制作培训班结业典礼"，如图 7-31 所示，单击"全部应用"按钮。

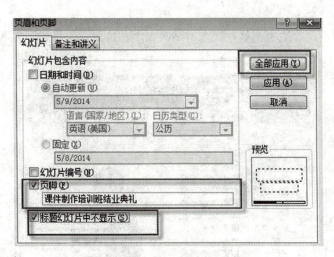

图 7-31 插入页眉和页脚

13. 插入剪贴画

（1）选定第 5 张幻灯片。

（2）打开"插入"选项卡，在功能区中"文本"组中，单击"剪贴画"按钮。

（3）在右边"剪贴画"窗格，单击"搜索"（如图 7-32 所示），在列出的内容中，选择需要的剪贴画 j0195384.wmf。

图 7-32　搜索"剪贴画"

（4）根据实际情况，适当调整好插入剪贴画大小和位置，效果如图 7-33 所示。

图 7-33　插入"剪贴画"

（5）复制此剪贴画到第 6 张幻灯片的合适位置，效果如图 7-34 所示。

图 7-34 复制"剪贴画"

（6）关闭"剪贴画"窗格，完成剪贴画插入。

【任务小结】

本任务，在任务 1 的基础上，增加了幻灯片的数量，并通过插入表格、图片、艺术字、文本框、声音、视频、剪贴画等对象，使演示文稿声图文并茂。

【拓展任务】

1.制作"卧龙自然保护区介绍"演示文稿外观：利用母版设计，效果如图 7-35 所示。

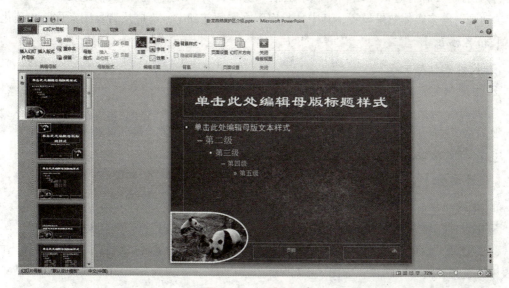

图 7-35 母版应用

2．制作演示文稿内容：插入图片、视频、音乐、组织结构图等等。

3．静态部分完成的效果如图 7-36 所示。

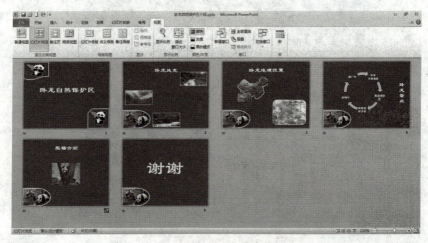

图 7-36　内容编辑完成后的演示文稿

【知识回顾】

阅读教材第七章 7.2、7.3 节的内容，做第七章相关习题。

任务 3　设置"培训班总结汇报"演示文稿的多媒体效果

【任务描述】

打开任务 2 保存好的"培训班总结汇报"演示文稿，对整个演示文稿进行"母版""背景""动画"等多媒体效果设置，其中"封底"在主题基础上，再应用背景图案进一步美化。

【相关知识】

1．设计模板与主题

2．主题颜色

3．幻灯片切换

4．幻灯片中对象动画

5．幻灯片母版功能

【任务实现】

1．主题颜色应用

应用设计主题，统一演示文稿风格。

（1）打开"设计"选项卡，在功能区中的"主题"组中，单击"颜色"按钮，在弹出的列表中，选择"活力"选项，如图 7-37 所示。

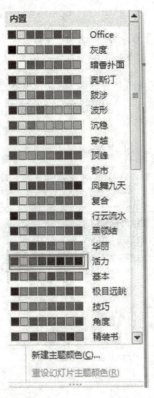

图 7-37 更改"主题"颜色

（2）切换到"幻灯片浏览"视图，查看更改主题后的演示文稿效果，如图 7-38 所示。

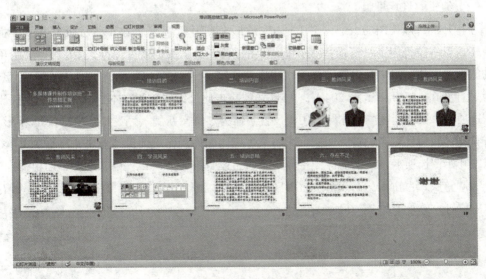

图 7-38 查看整个演示文稿"主题"效果

2.母版应用

应用母版统一设置演示文稿内文字的格式。

（1）进入"母版视图"

打开"视图"选项卡，在功能区"母版视图"组中，单击"幻灯片母版按钮"，演示文稿被更换成新的"母版视图"模式，效果如图7-39所示。

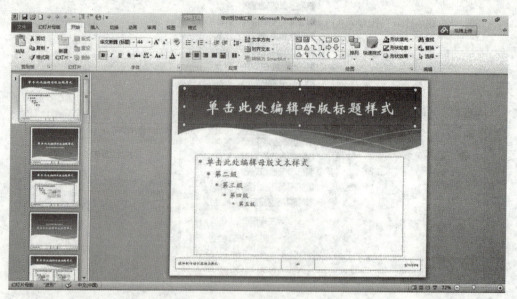

图7-39 "母版视图"效果

（2）编辑幻灯片母版

在打开的母版视图的大纲窗格中选定"波形 幻灯片母版"（即第1张母版），做如下操作：

①设置占位符内字符格式：单击"标题"占位符的边框选定该占位符，打开"开始"选项卡，在功能区"字体"组中，设置字体为"华文新魏"、字号为"44"磅，字形"加粗"，字体颜色为"白色（R=255 G=255 B=204）"；单击选定"单击此处编辑母版文本样式"占位符，打开"开始"选项卡，在功能区"字体"组中，设置字体为"华文新魏"、字号为"22"磅、字形"加粗"；选定"页脚区"占位符（即文字内容"多媒体课件制作培训班结业典礼"所在文本框），打开"开始"选项卡，在功能区"字体"组中，设置字号为"12"磅，字形"加粗"。

②调整版式：删除"日期区""数字区"占位符，删除"第二级、第三级、第四级、第五级"文本占位符，效果如图7-40所示。

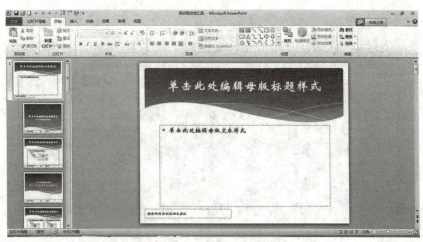

图 7-40　编辑后 "幻灯片母版" 中各占位符格式

（3）退出母版视图

打开 "幻灯片母版" 选项开，在功能区 "关闭" 组中，点击 "关闭母版视图" 按钮，即可退出视图，如图 7-41 所示。

图 7-41　关闭母版视图

（4）应用母版设置效果

在普通视图下，重置各张幻灯片 "版式"，将在母版中编辑的样式应用出来。

①选定本演示文稿中的 10 张幻灯片。

②打开 "开始" 选项卡，在功能区 "幻灯片" 组中，单击 "重置" 按钮（如图 7-42 所示），各幻灯片内被设置样式的地方，都对应地被统一更换完毕，在浏览视图下的效果如图 7-43 所示。

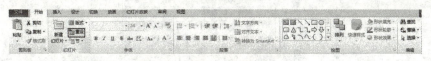

图 7-42　版式 "重置" 操作

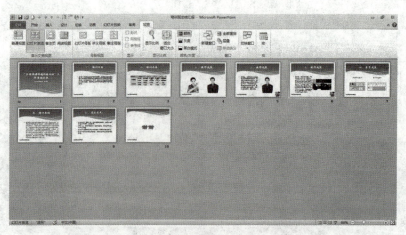

图 7-43 版式"重置"后演示文稿外观

3.设置背景

为了让演示文稿的整体风格更完美，给最后一张幻灯片，添加合适的背景，在 PowerPoint 2010 中，我们可以用"纯色填充""渐变填充""图片或纹理填充""图案填充"4 种不同样式为幻灯片设计背景，这里我们选择图案背景。

（1）在普通视图下，选择最后一张幻灯片。

（2）打开"设计"选项卡，在功能区"背景"组中，单击"扩展"按钮，弹出"设置背景格式"对话框。

（3）在打开的对话框中，选择"背景填充"选项，在列出的图案中选择"第2行第2列"这个选项，如图 7-44 所示。

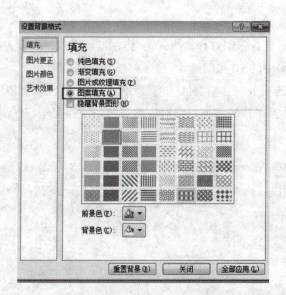

图 7-44 在"设置背景格式"对话框中选择"图案填充效果"

（4）单击"关闭"按钮，完成设置，效果如图7-45所示，未设置背景的效果如图7-45所示。

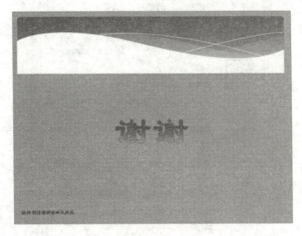

图 7-45　设置背景后效果

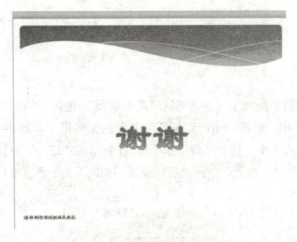

图 7-45　设置背景前效果

4. 设置动画

整个演示文稿的每张幻灯片的标题都统一设置一个相同的动画样式，每张幻灯片的其他图片、视频、文本根据喜好设置风格各异的动画样式。

（1）在"幻灯片母版"中，为1~9张幻灯片中的"标题"设置动画

①用前面介绍的方法，进入"母版视图"，选定"波形 幻灯片母版"（即第1张幻灯片）。

②在"波形 幻灯片母版"中选定"标题"文本框。

③打开"动画"选项卡，在功能区"高级动画"组中，单击"添加动画"按钮。

④在弹出的菜单中选择"进入"当中的"缩放"效果项，如图7-46所示。

图 7-46　设置"进入"动画

⑤定义对象动画的其他效果：在功能区"高级动画"组中，单击"动画窗格"按钮，在右边打开的动画窗格中，选择列出的"标题"对象的文本框（如图 7-47 所示），单击文本框上的按钮，在下拉列表中，选择"效果选项"，在弹出的"缩放"对话框中，选择"计时"选项卡，设置"开始"为：在上一动画之后，设置"期间"为：慢速（3 秒），设置如图 7-48所示。

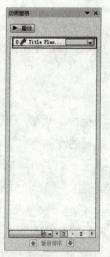

图 7-47　选择动画"对象"

图 7-48 设置动画的"开始"方式和"速度"

⑥单击"幻灯片母版视图"工具组上的"关闭母版视图"按钮，退出母版视图。

（2）为第 1~14 张幻灯片的其他对象设置自定义动画

在"普通"视图下，为除"标题"文本框以外的其他对象设置风格各异的动画，所有动画均为"进入"类型。

①在第 1 张幻灯片中，为"文本"设置"旋转"动画，"开始"选项选择"上一动画之后"，"速度"选项选择"中速"。

②在第 2 张幻灯片中，为"文本"设置"劈裂"动画，"开始"选项选择"上一动画之后"，"速度"选项选择"中速"。

③在第 3 张幻灯片中，为表格设置"浮入"动画，"开始"选项选择"上一动画之后"，"速度"选项选择"快速"。

④在第 4 张幻灯片中，为两张图片表格设置"形状"动画，"开始"选项选择"上一动画之后"，"速度"选项选择"快速"。

⑤在第 5 张幻灯片中，为文本和图片同时设置"轮子"动画，"开始"选项选择"上一动画之后"，"速度"选项选择"中速"。

⑥在第 6 张幻灯片中，为文本和视频同时设置"浮入"动画，"开始"选项选择"上一动画之后"，"速度"选项选择"非常快"。

⑦在第 7 张幻灯片中，为两张图片和两个文本同时设置"擦除"动画，"开始"选项选择"上一动画之后"，选择"中速"。

⑧在第 8~9 张幻灯片中，为文本设置"淡出"动画，"开始"选项选择"上一动画之后"，选择"中速"。

⑩在第 10 张幻灯片中，为艺术字设置"翻转式由远致近"动画，"开始"选项选择"上一动画之后"，选择"快速"。

（3）关闭"动画窗格"，结束动画设置

【任务小结】

本任务，利用母版视图为演示文稿修改了模板的相关格式并添加了个性化的内容，并为演示文稿设置了动画效果。

【拓展任务】

制作"卧龙自然保护区介绍"演示文稿动态效果。

1. 设置幻灯片的切换动画。

2. 设置幻灯片中对象的动画。

3. 设置超链接，控制播放流程。

【知识回顾】

阅读教材第七章7.3、7.4节的内容，做第七章相关习题。

任务4 放映"培训班总结汇报"演示文稿

【任务描述】

使用超级链接和动作按钮实现如图7-50所示的流程，并对演示文稿的幻灯片设置切换效果以及放映方式。

【相关知识】

1. 幻灯片隐藏

2. 超链接设置

3. 动作设置

4. 放映方式设置

【任务实现】

根据当前幻灯片的设计，幻灯片将从第一张到最后一张顺序播放，如图7-49所示，这里，我们借助"动作按钮"和"超链接"将这个流程更换一下，使其更加灵活、方便地展示整个演示文稿，如图7-50所示。

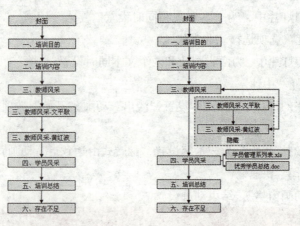

图7-49 原幻灯片演示流程图 7-50 修改后幻灯片演示流程

1. 设置幻灯片隐藏

根据需要我们要将第 5 张和第 6 张幻灯片隐藏。被隐藏的幻灯片在放映时不播放，而只能通过"超链接""动作按钮"来放映。

（1）打开任务 3 制作的"多媒体课件制作培训班工作总结汇报"演示文稿，在"幻灯片浏览视图"下选择第 5 张和第 6 张幻灯片。

（2）打开"幻灯片放映"选项卡，在功能区的"设置"组，单击"幻灯片隐藏"按钮，隐藏 2 张"教师风采"幻灯片，在幻灯片浏览视图中被隐藏幻灯片的编号上有""标记，如图 7-51 所示。

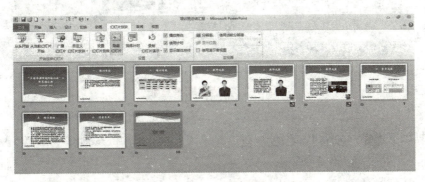

图 7-51　隐藏 2 张"教师风采"幻灯片

2. 设置超链接

（1）链接到本文档中的位置

在"普通视图"下选择第 4 张幻灯片"教师风采"，为第 4 张幻灯片的两张照片设置超链接，分别链接到第 5 和第 6 张幻灯片。

①选定左边的"黄红波"图片。

②打开"插入"选项卡，在功能区"链接"组中，单击"超链接"按钮，弹出"插入超链接"对话框。

③在对话框左侧"链接到："列表单击"本文档中的位置"，如图 7-52 所示。

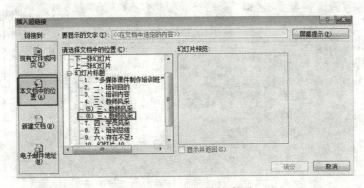

图 7-52　选择链接类型

④在"请选择文档中的位置"列表框中选择建立超链接的位置，此处选择幻灯片"（6）三、教师风采"，如图7-53所示，单击"确定"按钮。

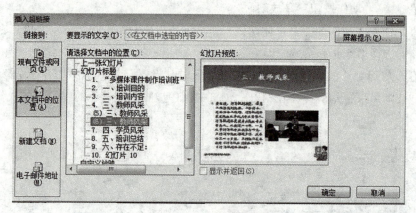

图7-53　选择链接对象

⑤重复以上操作，为第4张幻灯片右边的"文平耿"图片链接到幻灯片"（5）三、教师风采"。

（2）链接到原有文件

在"普通视图"下选择第7张幻灯片"教师风采"，为第7张幻灯片的两张图片设置超链接，分别链接到"授课课件（优秀作品）.pptx"和"学员总结.doc"文件。

①选定"优秀作品"图片。

②打开"插入"选项卡，在功能区"链接"组中，单击"超链接"按钮，弹出"插入超链接"对话框。

③在对话框左侧"链接到："列表单击"原有文件或网页"。

④在"查找范围"下拉列表找到文件所在位置，列表框中选择"授课课件（优秀作品）"，如图7-54所示，单击"确定"按钮。

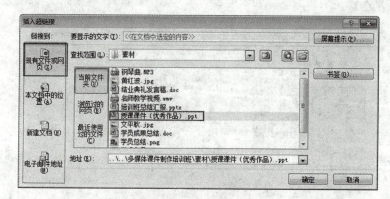

图7-54　选择链接对象

⑤用以上同样方法，在第 7 张幻灯片中为"学员总结"图片设置超链接至"学员成果总结 .doc"文件。

3. 设置动作按钮

（1）在"普通视图"下，选定第 5 张幻灯片"教师风采—文平耿"。

（2）单击此张幻灯片中选定插入的剪贴画。

（3）打开"插入"选项卡，在功能区"链接"组中，单击"动作"按钮，弹出"动作设置"对话框，选择"超链接到"列表下的"幻灯片"，设置如图 7-55 所示。

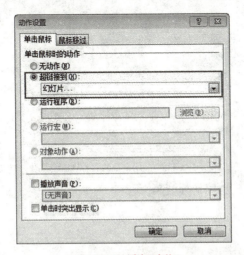

图 7-55　选择动作

（4）在弹出的"超链接到幻灯片"对话框中选择要链接的幻灯片，选择"4. 三、教师风采"，如图 7-56 所示，单击"确定"按钮。

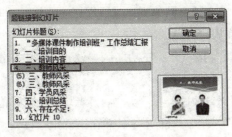

图 7-56　选择一张幻灯片作为链接对象

（5）用同样的方法为第 6 张幻灯片的剪贴设置"动作"，让第 6 张幻灯片也可以返回到第 4 张幻灯片"三、教师风采"，达到如图 7-49 所示的流程。

4. 设置幻灯片的切换效果

在演示文稿放映过程中由一张幻灯片进入另一张幻灯片就是幻灯片之间的切换，为了使幻灯片播放更有动感，更能吸引观众的眼球，现在我们为第 1~10 张幻灯片设置一种切换效果。

（1）选定第一张幻灯片。

（2）打开"切换"选项卡，在功能区"切换到此幻灯片"组中单击，在弹出的页面中，选择了"华丽型"中"立方体"选项。

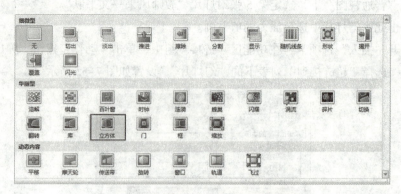

图7-57　选择"立方体"切换效果

（3）在此功能区的"计时"按钮中，单击"全部应用"按钮（如图7-58所示），让演示文稿中的所有幻灯片使用相同切换效果。

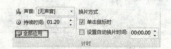

图7-58　设置相同的切换效果

5.设置放映方式

在PowerPoint 2010中有3种不同的方式进行幻灯片的放映，即"演讲者放映方式""观众自行浏览方式"以及"在展台浏览放映方式"。

（1）打开"幻灯片放映"选项开，在功能区"设置"组中单击"设置放映方式"按钮，弹出"设置放映方式"对话框。

（2）在该对话框中，设置"放映类型"为"演讲者放映（全屏幕）"、"放映幻灯片"为"全部""换片方式"为"手动"，如图7-59所示，单击"确定"按钮。

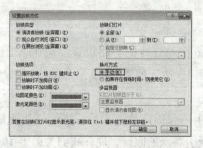

图7-59　"设置放映方式"对话框

【任务小结】

本任务，为幻灯片设置了切换效果，并通过设置超链接、动作按钮和放映方式使演示文稿有更合理的放映流程。

【拓展任务】

将"卧龙自然保护区介绍"演示文稿中的超链接合理设置。

【知识回顾】

阅读教材第七章 7.4 节的内容，做第七章相关习题。

任务 5　打包"培训班总结汇报"演示文稿

【任务描述】

利用 PowerPoint 2010 打包向导将制作完成的"多媒体课件制作培训班工作总结汇报"演示文稿打包输出。

【相关知识】

打包

【任务实现】

使用 PowerPoint 2010 的"打包成 CD"功能，可以将演示文稿中使用的所有文件（包括链接文件）和字体全部打包到磁盘或网络地址上。默认情况下会添加 Microsoft Office PowerPoint 2010 Viewer（这样，即使其他计算机上没有安装 PowerPoint 2010，也可以使用 PowerPoint 2010 Viewer 运行打包的演示文稿）。

（1）打开任务 4 制作的"培训班总结汇报.pptxx"演示文稿。

（2）在"文件"菜单中选择"打包成 CD"命令，弹出对话框，如图 7-60 所示。

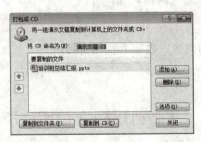

图 7-60　"打包成 CD"对话框

（3）单击"复制到文件夹"按钮，在打开"复制到文件夹"对话框中，为文件夹录入名称"培训班总结汇报"，并设置好保存路径，然后单击"确定"按钮，如图 7-61 所示；系统将上述演示文稿复制到指定的文件夹中，同时复制播放器及相关的播放配置文件到该文件夹中，如图 7-62 所示；以后用刻录软件，将上述文件夹中所有的文件全部刻录到光盘中，也可以制作出具有自动播放功能的光盘。

图 7-61 "复制到文件夹"对话框

图 7-62 "课件制作培训班结业典礼"文件夹

【任务小结】

本任务，将演示文稿进行打包，把演示文稿中的声音、视频等对象打包至一个文件夹中，使其移动或复制至其他电脑上也能顺利播放。

【拓展任务】

将"卧龙自然保护区介绍"演示文稿打包，使得这个文件在播放的时候不受计算机配置环境的影响，也不丢失文件中插入的视频和声音。

【知识回顾】

阅读教材第七章 7.5 节的内容，做第七章相关习题。

拓展项目一　高血压病人护理讲座课件制作

（医卫类）

某医生接到医院相关部门下达的为社区医疗服务的任务，做了相关调查后，该医生发现社区内高血压患者很多，于是该医生决定做一个高血压相关知识讲座。为了让听众把这堂课听得清晰明了，该医生需要制作一个讲课的 ppt 课件。假设你是那个医生，你该如何制作这个课件呢？

【要点提示】

制作这个课件的流程：上网查找和下载相关素材后，首先利用素材制作好课件的"静态"部分，让课件美观，然后再制作好课件的"动态效果"，让课件生动。

【拓展任务1】

1. 创建演示文稿：利用 PowerPoint 2010 提供的主题"暗香扑面"创建新演示文稿。

2. 保存演示文稿：以"高血压人类健康的杀手 .pptx"文件名保存，结果如图 7-63 所示。

图 7-63　用主题创建演示文稿

【拓展任务2】

1. 制作课件的内容：合理利用版式，插入图片、艺术字、表格、文本。

2. 根据喜好和需要美化幻灯片中的每一个对象。

3. 静态部分完成的效果如图 7-64 所示。

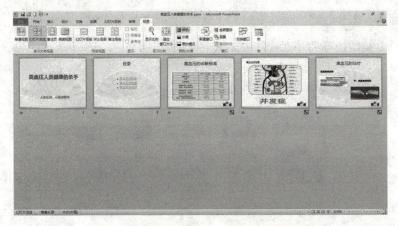

图 7-64　医卫类演示文稿拓展项目样例

【拓展任务 3】

制作课件动态效果。

1.设置幻灯片的切换动画。

2.设置幻灯片中对象的动画。

【拓展任务 4】

打包制作好课件，使文件在任何环境下都能正常播放。

拓展项目二　奥迪 Q5 汽车上市试驾策划方案课件

（工科类）

为了推动新款奥迪 Q5 汽车上市的销售，奥迪汽车公司先期需要组织一个"新车试驾"活动，汽车维修专业毕业的员工小李负责这个活动的策划，他将整个试驾流程的安排做成了 ppt 课件并向公司负责人汇报。假设你是小李你该如何制作这个策划课件呢？

【要点提示】

这个 ppt 对美工要求相对高一些，查找素材时，尽量选择清晰和漂亮的图片素材！合理利用 PowerPoint 软件提供的 SMART 功能，将演示文稿的细节做得精美一些。

【任务实现】

【拓展任务 1】

1.创建空白演示文稿。

2.保存演示文稿：以"奥迪 Q5 上市试驾策划方案 .pptx"文件名保存。

【拓展任务 2】

制作演示文稿的内容和外观，效果如图 7-65 所示。

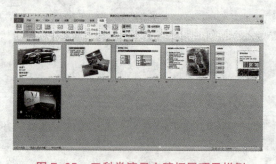

图 7-65　工科类演示文稿拓展项目样例

【拓展任务 3】

制作课件动态效果。

1.设置幻灯片的切换动画。

2.设置幻灯片中对象的动画。

【拓展任务 4】

打包制作好课件，使文件在任何环境下都能正常播放。

拓展项目三　学术讲座课件制作

（综合类）

　　某大学教授王某，以"大学生社会适应能力"为主题开展一个学术研讨，他需要用一个课件清晰地展示阐述的内容，内容来自这个主题的长篇论文。假如你是王教授，你知道怎么制作这个课件吗？

【要点提示】

　　这个演示文稿的特点是，课件内容以文字为主，而且文字都在已有的 Word 电子档中，制作内容时，可以将文字内容快速导入 ppt，制作的课件外观最好给人以清新淡雅的感觉。

【任务实现】

【拓展任务 1】

　　1.创建演示文稿：利用 PowerPoint 2010 提供的主题"波形"，创建为学术交流用的演示文稿。

　　2.保存演示文稿：以"学术讲座.pptx"文件名保存，结果如图 7-66 所示。

图 7-66　用主题创建演示文稿

【拓展任务2】

1.制作课件的内容：利用"插入大纲"功能，快速导入内容，利用大纲升降级功能，调整好文件内容。

2.利用母版快速美化和统一好整个演示文稿中的大量文字格式。

3.静态部分完成的效果如图7-67所示。

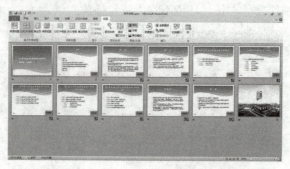

图7-67　综合类演示文稿拓展项目样例

【拓展任务3】

制作课件动态效果。

1.设置幻灯片的切换动画。

2.设置幻灯片中对象的动画。

3.设置超链接，控制播放流程。

【拓展任务4】

打包制作好的课件，使文件在任何环境下都能正常播放。